蜜柚
常见病虫害
速诊快治图鉴

赖宝春　吕平香　戴瑞卿　蓝炎阳　等　编著

U0381000

中国农业出版社
北 京

编写人员名单：

赖宝春　吕平香　戴瑞卿　蓝炎阳　姚锦爱

曾天宝　潘永红　吴振强　林明辉　康文斌

Foreword
前　言

　　蜜柚，又名香抛、平和抛，由明代侯山第八世祖西圃公于1550年培植成功，因其果实金黄，果肉透亮如玉，口味像蜜一样甜，故名蜜柚。后来蜜柚在琯溪两岸种植，琯溪蜜柚由此而得名，至今已有500多年的栽培历史。清朝乾隆年间，平和县小溪镇西林村进士李国祚任江西平乡县令时，曾带琯溪蜜柚前往杭州会友，恰逢乾隆皇帝游览杭州，品尝到此果，后得知是李进士家乡的土特产，特令平和县每年进贡数百粒，后被列为朝廷贡品。同治皇帝赐〝西圃信记〞印章一枚及〝青龙旗〞一面，作为贡品的标识和禁令。

　　20世纪80年代末，平和县大力发展蜜柚种植产业，从山林到田间，蜜柚遍植，蜜柚已成为当地人的〝致富果〞，而平和县更是获得了〝世界柚乡〞〝中国柚都〞的美誉。蜜柚种植逐步推广至浙江、江西、广东、广西、四川等南方省份。平和县具有得天独厚的地理环境，但随着蜜柚的过度及单一化种植，蜜柚整个生育期病虫害种类增多，且不同海拔地区的病虫害发生规律、种类及严重程度不同。果农对田间病虫害无法准确识别，尤其是防治手段单一，过度、过量依靠化学农药，长期的积累导致环境污染问题日益突出，果实品质下降，果树病虫抗药性加剧，同时也杀死大量天敌，这已成为制约蜜柚产业健康可持续发展的最大障碍。如何破解这一难题，最根本的就是必须坚持绿色生态发展的理念，深入贯彻党中央对农业绿色发展和高质量发展提出的新要求，持续推进农药减量增效，尤其是热带、亚热带地区的农药减量更为迫切。因此，推广普及蜜柚病虫害绿色防控技术势在必行。

为此，作者团队经过对蜜柚病虫害多年的观察与积累，用383幅病虫害、天敌的原色图片介绍了38种常见病害的症状、病原、发病规律及防控措施，51种常见害虫的学名、为害特点、识别特征、发生规律及防控措施，10种捕食性天敌的学名、识别特征及生活习性，便于田间快速诊断。采用农业防治、物理防治、生物防治及科学用药的病虫害绿色防控措施，能使果农从以化学农药为主的防控向绿色防控观念转变，并能辩证看待病虫害与作物、益虫、环境、耕作等因素之间的关系，从而学会并善于协调应用各种防控措施，牢固树立绿色发展的理念，切实做到化学农药的减量增效。本书以图为主、图文并茂、通俗易懂、可操作性强，便于蜜柚种植户、农资经销商查阅对照，也便于农技人员、农资厂家、农业科普工作者参考。

由于编者水平有限，书中难免存在疏漏之处，敬请各位专家、同行和广大读者批评指正。

编著者

2022年3月

Contents
目 录

前言

一、蜜柚常见病害

1.细菌病害

溃疡病

症状描述：溃疡病主要为害蜜柚叶片、枝梢和果实，严重时引起落叶、落果。溃疡病菌一般只侵染幼嫩的组织，当叶片被侵染后在其背面产生黄色或黄绿色针头大小的油渍状斑点，然后逐渐扩大，穿透叶片正面，在叶片正面形成近圆形病斑，表面粗糙，后期组织木栓化形成火山口状的开裂，在病健部交界处出现黄色或黄绿色的晕圈。枝条染病时，病斑近圆形或连合成不规则形，形成大而深的褐色或灰褐色裂口。果实染病只限于果皮，

蜜柚成熟叶片溃疡病症状
（正面）

蜜柚成熟叶片溃疡病症状
（背面）

蜜柚成熟枝梢溃疡病症状

不深入果肉，与叶片和枝条染病时相比病斑木栓化程度更严重，病斑中央呈火山口状的开裂更加明显，发生严重时病斑形成连片的木栓化开裂，周围没有黄色晕圈。

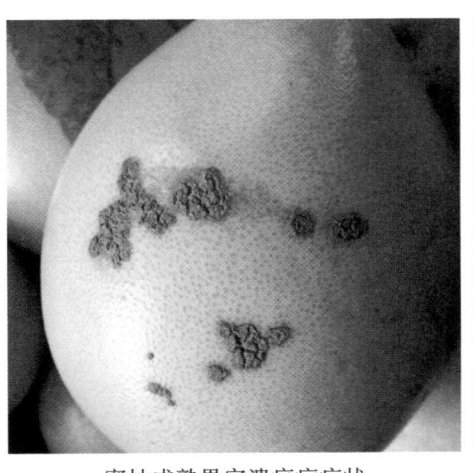 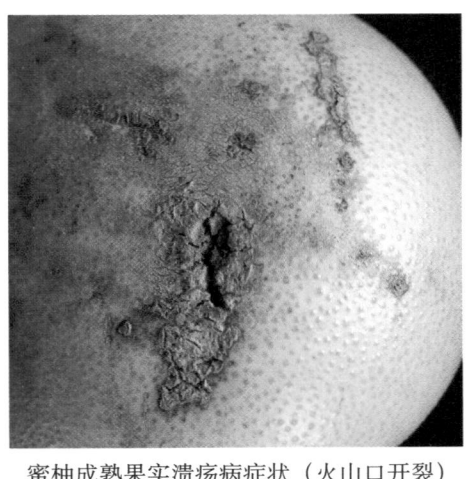

蜜柚成熟果实溃疡病症状　　　　　蜜柚成熟果实溃疡病症状（火山口开裂）

　　病原：柑橘黄单胞菌柑橘亚种（*Xanthomonas citri* subsp. *citri* Gabriel et al.），属假单胞菌目，假单胞菌科，黄单胞菌属。

　　发病规律：近年来，溃疡病在蜜柚产区发生越来越严重，特别是在一些山地蜜柚园。病菌在病叶、枝梢及果实的病部组织中越冬，成为翌年的初侵染来源。当翌年春季温湿度适宜时，病原菌从病部溢出菌脓，借风雨、昆虫或枝叶相互接触后短距离传播，并从幼嫩枝梢和幼果的气孔和伤口侵入。远距离则主要通过带菌苗木、接穗和果实进行传播。该病原菌主要从伤口侵入，每年的5至9月当台风、暴雨过后寄主伤口增多，有利于病原菌侵入，此时是发病高峰期。发病的温度为20～35℃，最适温度为25～30℃，降雨量与病害发生呈正相关。雨水是病菌传播的主要媒介，病菌侵入需要组织表面有20分钟以上的水膜，高温多雨的条件有利于病菌的传播和繁殖。病原菌传播受寄主生育阶段、管理技术、气候条件、潜叶蛾为害及风伤等因素的影响较大。因此，降水多的年份和季节发病重；苗木和幼树比成年结果树发病重；此外，偏施氮肥、抽梢不一致，也有利于发病；夏、秋梢发病最严重，春梢发病最轻，果实发病较重。

防控措施：

（1）农业防治：①严禁从病区调运苗木、接穗、果实等。建立无病苗圃，培育无病种苗。育苗期间发现有病株应及时挖除并烧毁。②平衡施肥，控制蜜柚园湿度，提高树体的抗病力。剪除病枝、病叶、病果，连同枯枝、落叶、落果等带出果园集中烧毁。③控制新梢生长。通过施肥和抹芽等措施控制夏、秋梢生长，防止徒长，保持梢期一致。④减少果实和叶片损伤，及时防治潜叶蛾等害虫，减少病菌从伤口侵入。

（2）药剂防治：幼树以保梢为主，在新梢抽发1.5 ～ 3厘米及叶片刚转绿期各喷药1次。成年树以保果为主，保梢为辅，谢花后15 ～ 20天喷1次，间隔20天再喷1次，连续喷3次。台风过后还应该及时喷药以保护幼果和嫩梢。药剂可选用47%春雷·王铜可湿性粉剂500 ～ 800倍液、15%络氨铜水剂600 ～ 800倍液、77%氢氧化铜可湿性粉剂500倍液、56%氧化亚铜悬浮剂500倍液、30%碱式硫酸铜悬浮剂300 ～ 400倍液、70%氧氯化铜可湿性粉剂1 000 ～ 1 200倍液、3%中生菌素可湿性粉剂800 ～ 1 200倍液、3%金核霉素水剂300倍液、2%春雷霉素水剂400倍液等，或混配药剂46%氢氧化铜水分散粒剂1 500倍液＋99%绿颖矿物油500倍液，注意轮换用药。在病害发生严重的柚园应结合冬季清园，连同树冠和地面一起喷药。

黄龙病

症状描述：

（1）病株：蜜柚黄龙病初发病树表现"黄龙"症状，成年树发病后3—4年失去经济价值。病树抽发的春梢会像正常树一样转绿，但到秋、冬季，成熟的春梢病叶叶脉开始肿胀呈黄白色，或淡黄色，叶质变脆，多数叶片呈均匀黄化，少数呈黄绿相间斑驳；夏、秋梢病叶则以斑驳型黄化居多。发病中后期花量较大，多为畸形花，且落花、落果严重。病株在各个季节均呈现明显的黄化、斑驳与枝梢节间短缩（丛生状）。成年树因树冠较大，感病后仅局部或单个主枝发病，病枝长势明显衰退。发病严重后全株黄化枯死。

（2）病叶：蜜柚黄龙病的叶片症状有斑驳黄化和均匀黄化型两种，发病后期呈现类似缺素等一系列黄化症状。但与其他柑橘品种相比，蜜柚黄龙病的典型症状叶片斑驳黄化表现更为明显，易于识别。"斑驳黄化"是指

蜜柚成年树黄龙病个别直立枝梢先黄化　　　　蜜柚黄龙病病树

蜜柚黄龙病病树　　　　　　　　　蜜柚黄龙病病树（局部）

叶片转绿成熟后发生褪绿黄化，产生黄绿相间的不对称斑驳。感染黄龙病的蜜柚叶片，一般从叶柄基部或边缘开始黄化，且叶柄基部的黄化程度与病害发生程度呈正相关；然后逐渐向全叶扩展。病叶老熟后（5个月叶龄）即可表现出典型黄化症状，在果实采收后(10—12月)，气温≤20℃时，斑驳黄化症状表现更为明显。

（3）病果：黄龙病病树只有少数能结果，病果前期症状不明显，果实膨大期生长速度比正常果实明显减缓，采收期果实较正常发育果实明显偏小、油胞增粗，比重显著减轻（果实放入水中近一半浮出水面，而正常果实稍有浮出或浮出部分不足全果的1/3）。蜜柚病树所结果实果形正常，通常在田间仅凭目测手托即可感觉疑似病果与正常果实之间在大小和比重方面的差异。横切病果，可见海绵层异常增厚，果皮厚度为健康果实果皮厚度的2倍，果实中的髓部变粗，果肉部分所占比例小，水分少，风味淡且苦涩。蜜柚黄龙病病果外观不显现一般宽皮橘病果的"红鼻果"症状。

病　果　　　　　　　　　斑驳黄化病叶

病原：候选韧皮部杆菌亚洲种（*Candidatus* Liberibacter asiaticus），是一种革兰氏阴性细菌。该菌属于专性寄生菌，目前尚不能人工培养。

发病规律：黄龙病主要由带菌接穗、带病苗木、木虱等传播，田间初侵染来源为带菌接穗、带病苗木及田间病株。病菌在寄主上的潜伏期较长，一般为6～18个月。在田间木虱传播黄龙病的效率很高，其获菌能力强、传病时间短，成虫和若虫均能获取病菌，病菌能在木虱体内增殖，一旦获菌便终生携带菌。田间一年均可见该虫，蜜柚在新梢抽发期受木虱为害最重。温度为20～28℃、相对湿度为80%～90%的条件下，有利于病菌的滋生和蔓延。当温度在25℃以上、相对湿度在80%以上时，最有利于黄龙病的发生和流行。

　　在生态条件好的蜜柚园不利于该病害的蔓延。另外，在高海拔地区，气温较低，木虱数量少，发病少，病害扩散传播效率低。平和县蜜柚黄龙病发病率较高的地区是平和县原芦柑主产区文峰镇，发病率高达10%左右；其次是东半县的山格镇、小溪镇、坂仔镇、南胜镇等乡镇，发病率在5%左右；西半县的霞寨镇、芦溪镇、崎岭乡、九峰镇等乡镇由于海拔相对较高，发病率较低，约在3%。黄龙病在蜜柚采收后10—12月的病叶上症状更加明显。

　　近年来，由于蜜柚产量高，市场销售供大于求，蜜柚价格下跌严重，有些果农放弃管理的蜜柚园成为木虱繁殖的重要场所，在失管的蜜柚园中，植株抽梢次数多，有利于木虱的生长繁殖，加重病害的发生与传播。此外，在栽培管理较粗放的蜜柚园，由于肥水不足，树势较弱，加之木虱防治效果差，黄龙病发病迅速。

　　防控措施：

　　（1）农业防治：蜜柚黄龙病属于系统性侵染病害，目前仍缺少特效防治药剂，开展健株栽培有助于提升蜜柚植株对黄龙病的抵抗力。首先应平衡施肥，适当增施有机肥，强壮树势，提高树体抗病能力；其次要合理修剪，抹梢控梢并及时剪除衰退枝、弱枝和病虫枝，提高柚树有效健壮枝群的比例，保持树冠通风透光，创造不利于病虫滋生的环境。尽早抹除早抽发的夏、秋梢，统一放梢；全部抹除冬梢，切断木虱食物链。

　　对于确诊的病树，以及严重衰败难以恢复结果能力的柚树，包括成片失管柚园中的柚树，以及村前屋后失管的柑、橘、柚树等芸香科柑橘属果树，不管是否感染黄龙病均全部挖除，以减少木虱的生存空间。铲除病株前要对蜜柚园及其周边的九里香、黄皮等芸香科植物全面施药，由外向内喷药，防止带菌木虱及其他带菌昆虫迁飞传播病害；施药后再挖除病树，在病树桩口刷上煤油或柴油，也可采用"沤埋"法清除病树残桩，即在砍伐病树时应使保留树桩越矮越好，然后将10%草甘膦原液5～10毫升涂抹在病树桩上再包膜覆土，加速病树桩的腐烂进程，防止新芽萌发。

（2）物理防治：主要指利用光照、湿热空气、热水或蒸汽作为传导介质，向患病植株传递足够热量，即对病树进行热处理使黄龙病病菌钝化甚至死亡来治疗黄龙病。为增强效果，有研究者将四环素、磺胺、氨苄青霉素等抗生素与物理热处理联合使用，已证明治疗效果比单独使用其中一种更佳。由于实际操作困难，效果不够稳定以及缺乏标准和适宜的加热装置等原因，热处理治疗手段尚无规模田间应用的条件，只能更多地应用于无毒幼苗的培育。

（3）药剂防治：控制木虱是黄龙病综合防治最重要的技术措施，应加强监测、及时用药。防治木虱的药剂比较多，如10%吡虫啉可湿性粉剂2 500倍液、25%扑虱灵可湿性粉剂1 500倍液等均具有很好的防治效果。大面积防治时可使用喷射式动力烟雾机(烟枪)，在凌晨或傍晚使用，以达到省工省时省药的目的。也可在每年3—4月春梢萌发期，以及7—9月虫口密度最大时，用10%吡虫啉可湿性粉剂1 500倍液或其他药剂进行防治，其他时间段对零星抽发的嫩梢及时抹除，以减少木虱产卵和繁殖的场所。利用冬季气温低、木虱活动性弱的特点，采用20%松脂合剂100倍液喷雾，将其消灭在春梢萌发之前。整株砍除带有普查标记的病树，并以柴油处理树桩，防止新梢抽生。此外，四环素、土霉素、青霉素、链霉素、氨苄西林、放线菌酮、磺胺二甲氧嘧啶钠等抗生素均对黄龙病病菌有抑制作用。但有研究发现，有些抗生素一次或多次使用后会产生药害，且抗生素防治效果不能长期持续，一旦停药，黄龙病在几个月内即会复发。

2.真菌病害

炭疽病

症状描述：炭疽病全年均可发生，为蜜柚园主要病害之一，主要为害蜜柚的叶片、枝梢、花和果实，导致叶片脱落、枝梢枯死、落花落果及贮藏期果实腐烂。

（1）叶片：蜜柚炭疽病在叶片上的发病类型可分为急性型和慢性型。急性型又称叶枯型、叶腐型，主要发生在高温季节雨后的嫩叶上，病斑多发生在叶缘、叶尖或主脉，初期呈青色或青褐色水渍状小斑，病健部交界处明显，后变为淡黄或黄褐色，叶卷曲、脱落。叶片从发病到脱落只需3～5天，发病部位枯死后多呈V字形，病斑上产生朱红色小粒点，病叶易脱落。慢性型又称叶斑型，病斑多出现在成熟叶片的叶尖、叶中间或叶边缘，在潜叶蛾等造成的伤口处亦多见。病斑初为黄褐色后变为灰白色，边缘褐色，圆形或近圆形，稍凹陷，病健部分界明显，后期在病斑上出现许多小黑点，干旱季节发生较多，病叶脱落较慢。在连续阴雨潮湿、温度适宜的天气，叶片出现急性发病，发病率超过60%；在非连续阴雨天气，叶片表现为慢性发病，发病率为30%左右。

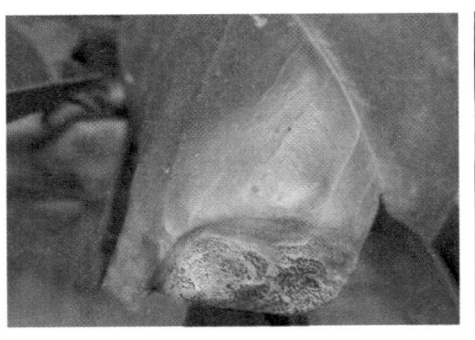

慢性型炭疽病（叶尖发病）

慢性型炭疽病（叶中间发病）　　急性型炭疽病（叶边缘发病）

急性型炭疽病（叶缘、主脉发病）

急性型炭疽病（叶斑呈V字形）

被潜叶蛾为害后伤口引发炭疽病

　　（2）枝梢：炭疽病在枝梢发病也可分为慢性型和急性型。慢性型症状多发生在1年生以上枝梢叶基部腋芽处，病斑初呈淡褐色、椭圆形，后渐扩大成长梭形，稍凹陷。当病部扩大至绕枝梢一圈时，病梢从上而下枯死，呈灰白色，其上散生小黑斑点状分生孢子盘，2年生以上枝梢因树皮较厚病部不易觉察，须将皮削开才可见枯死和病部扩展范围。病斑较小或树势较壮时，随枝条的生长，病部周围产生愈伤组织，在病皮干枯脱落后形成大小不一的梭形、条形斑疤。急性型症状常发生在连续阴雨的天气，在刚抽生的嫩梢顶端3～10厘米处突然发病，似开水烫伤，3～5天后嫩梢凋萎，发病处长出朱红色小点。大枝和主干遭冻害后，受冻部位受炭疽病菌的侵染，病部周围产生愈伤组织，病皮干枯爆裂脱落，俗称"爆皮病"。另一种急性炭疽病发生在枝梢中部，病斑初呈淡褐色，椭圆形，稍凹陷，当病斑环绕枝梢一周时，上部枝梢很快干枯。

枝梢发病（慢性型）　　　　　　　　　　春梢发病（急性型）

（3）花蕾：染病花蕾上最初呈现油渍状的不规则淡褐色病斑，后病斑扩大至整个花蕾，花蕾呈褐色腐烂状，导致落花。

蜜柚花蕾炭疽病田间症状

（4）果实：染病幼果上最初呈现暗绿色油渍状的不规则病斑，后病斑扩大至全果，病斑凹陷，变为黑色，幼果变为僵果挂于树上。果实膨大期和成熟期的症状主要有四种，即干疤型、泪痕型、腐烂型、蒂腐型。干疤型多在果腰发生，病斑呈圆形或近圆形，黄褐色或褐色，革质状微下陷，发病组织不深入果皮；泪痕型表现为在果皮外表形成红褐色或暗红色条状稍凹干疤；腐烂型在贮藏期发生，贮藏至中、后期果多见，一般从果蒂部位开始，初期呈淡褐色，后颜色变深而腐烂，稍凹陷，革质，初期发病仅限于表层，果肉未受害，但气温升高很快引起全果腐烂。

蜜柚幼果炭疽病田间症状

蜜柚幼果炭疽病田间症状（放大）

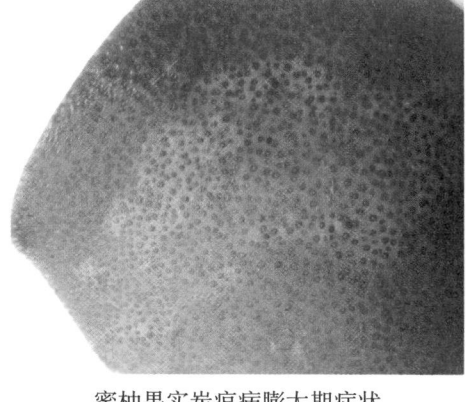

蜜柚果实炭疽病膨大期症状

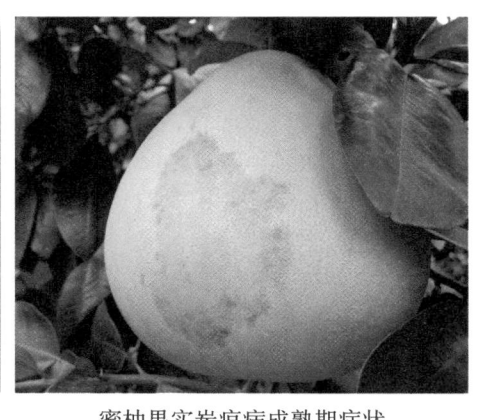

蜜柚果实炭疽病成熟期症状

　　病原：琯溪蜜柚炭疽病的主要病原为胶孢炭疽菌（*Colletotrichum gloeosporioides* Penz.），属于半知菌亚门，黑盘孢目，炭疽菌属，可引起多种植物炭疽病。胶孢炭疽菌地理分布广泛、寄主繁多，是炭疽菌属中最具经济重要性的病原真菌，在果树和其他经济林木上尤为重要。

发病规律：该病主要以菌丝体和分生孢子在病组织（病枝、病叶和病果）上越冬，其中病枝、病叶是病菌的初侵染来源。春季气温适宜时，病组织上新产生的分生孢子或越冬后的分生孢子借风雨或昆虫传播到果实组织表面，在水膜中萌发芽管，从伤口、气孔或直接穿透角质层侵入表皮内，当树体抗病力弱或环境适宜时，经过6～18天的潜伏期后发病并出现症状，完成初侵染。病菌具有潜伏侵染的特性，一般情况下其潜伏期长，多数为3个月左右，长的可达半年至1年。春季发病的叶片和枝梢上产生的分生孢子最多，是后期再侵染的主要来源。生长期树体健壮时，病菌在病部潜伏不表现发病症状；一旦环境条件不利于蜜柚生长，树势衰弱时，则表现出发病症状。

　　炭疽病的发生与气候条件关系密切。寄主在整个生长季节均可被侵染，一般在夏、秋高温多雨季节发病最重，如果当年降雨次数多，持续时间长，则分生孢子产生的数量大，传播速度快，常易造成病害流行。冬季冻害较重，或早春低温多雨，以及夏秋季洪水淹没蜜柚园时，发病严重。病原菌生长适宜温度为21～28℃，在最高37℃，最低7℃的环境中。炭疽病一般在春梢生长后期开始发病，以夏、秋梢发病较多。普通型炭疽病，一般在5月发病，8月上旬至9月下旬为发病盛期；落叶型炭疽病多在2—3月，4月下旬至6月及10月下旬至12月发病；次生型炭疽病多在10月下旬至11月发病。蜜柚炭疽病菌是一种弱寄生菌，只有在蜜柚生长衰弱的情况下，才易侵入为害。因此，树势弱或在果实成熟期炭疽病发病重，生长势强时发病轻或不发病。一般嫩梢、嫩叶和幼果易被侵染潜伏带菌，待树势衰弱时出现症状。

　　田间管理粗放，偏施氮肥，缺磷、钾肥的蜜柚园发病重，反之则轻。浅层松土工作做得好的蜜柚园发病轻。土质黏重，土层浅薄，有机质含量低，地下水位高，排水不良，或严重干旱的蜜柚园发病重，反之较轻。生长荫蔽的蜜柚园发病比及时修剪、通风透光良好的蜜柚园发病重。其他病虫害发生严重的蜜柚园发病重。

　　防控措施：

　　（1）农业防治：①加强栽培管理，深耕改土，培肥土壤。增施有机肥，采用配方施肥技术，防止偏施氮肥，适当增施磷、钾肥，促使新梢抽发整齐。雨后及时排水，降低蜜柚园湿度，增强树体抗病力。②冬季结合清园及修剪，剪除病虫枝、弱枝、徒长枝等，清理枯枝落果，并集中烧毁或深埋，减少越冬菌源数量。同时可将树干涂白防止病虫侵染，涂白剂使用石硫合剂1千克、食盐0.5千克、生石灰6千克、清水适量，用少量清水化开生石灰后加入食盐及石硫合剂，再加清水调成糊状即可。③生草栽培，改善蜜柚园生态环境，培养强大的根群。结合每年天气情况，在霜冻来临之前进行防冻，减少因冻害造成的伤口。

（2）药剂防治：在春季抽梢期、花期、幼果期及夏、秋、冬梢期，可根据蜜柚园往年炭疽病的发生情况，在每个时期喷药1～2次。药剂可选用77%可杀得可湿性粉剂600～800倍液、75%百菌清800～1 000倍液、80%代森锰锌可湿性粉剂600倍液、70%丙森锌可湿性粉剂800倍液、25%咪鲜胺乳油1 500～2 000倍液、25%施保功可湿性粉剂1 000～2 600倍液、10%世高1 500～2 000倍液、20%苯醚甲环唑水乳剂4 000～5 000倍液、45%晶体石硫合剂200～250倍液、2%抗霉菌素120水剂200倍液、1%中生菌素水剂250～500倍液等。

黑点病

症状描述：黑点病常随为害部位和环境条件的不同而表现出症状差异。根据其症状、受害部位和时期不同，该病又被称为沙皮病、蒂腐病、褐色蒂腐病、树脂病等。

（1）黑点和沙皮：琯溪蜜柚黑点病主要为害嫩叶、嫩枝和幼果，全年均可发生，当温、湿度适宜时，春梢、夏梢、秋梢、冬梢均可受害，新梢嫩叶刚展叶时即可见针点状淡红色病斑，外围有明显的淡黄色晕圈，将叶片对光观察时晕圈更明显；当叶片转色时，针状小点发展为红色斑点，外围黄色晕圈也逐渐变小；当叶片成熟时，斑点为红褐色，黄色晕圈消失，病斑有明显的凸起，似砂粒状，摸之粗糙；当叶片老熟时，病斑由深褐色转为黑色小点，凸起明显。有些病斑可穿透叶片背面，呈深褐色，叶背病斑微凸起。当发病严重时，小点密集成片如泪痕状或泥块状。此外，叶片症状随病原菌数量、感染时期及环境条件不同呈明显差异。当病原菌数量较少时，叶片上散生稀疏或密集的小点；当病原菌数量较多时，叶片上小点聚集，呈泥块状或条带状。春季感染黑点病的叶片上出现的黑点通常较大，有明显凸起，而其他季节染病叶片上的黑点较细小，无明显凸起。

黑点病只为害幼果期的蜜柚果实，膨大期至成熟期果实均不被侵染。幼果受害初期果皮出现红褐色针状小点，黄色晕圈不明显；随着果实的膨大，红褐色小点明显可见，黄色晕圈消失；果实成熟时，红褐色小点变成黑色小点。当病原菌数量很多时，则形成小点聚集，呈条带状或泥块状。成熟的枝秆不被侵染，受害初期的嫩枝出现红褐色小点，没有黄色晕圈，后期红褐色小点变成黑褐色或黑色小点。

春梢叶片展叶前黑点病的初期症状

春梢叶片展叶期黑点病的症状（对光呈淡黄色小点）

春梢叶片转色期黑点病的症状（红褐色斑点）

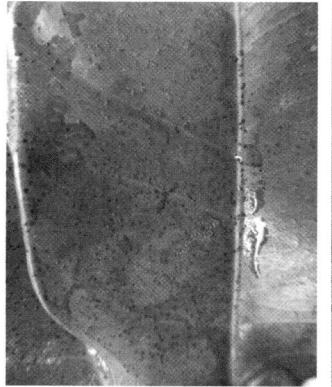
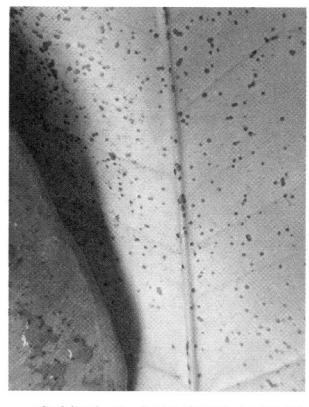

春梢叶片成熟期黑点病的症状（叶片正面病斑凸起）　春梢叶片成熟期黑点病的症状（叶片背面病斑凸起）　春梢成熟叶片黑点病的症状（泥块状病斑）

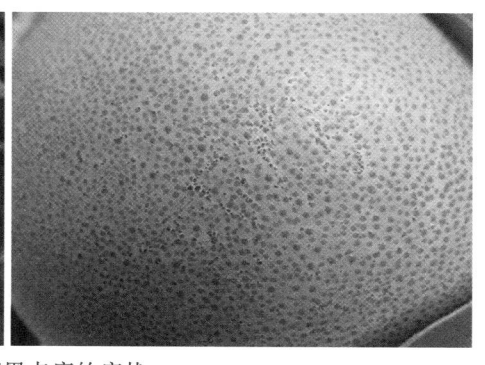

果实膨大期黑点病的症状

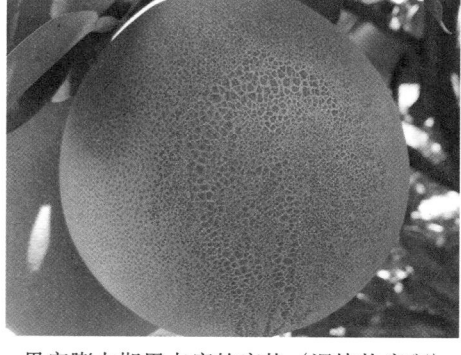

果实膨大期黑点病的症状（泥块状病斑）　　果实成熟期黑点病的症状（泥块状病斑）

15

果实成熟期黑点病的症状

果实成熟期黑点病的症状（条带状病斑）

（2）蒂腐：果实蒂腐主要特征为环绕果蒂部出现水渍状褐色病斑，病斑革质，有韧性，用手指轻压不易破裂，边缘呈波纹状。果实内部腐烂比果皮快，当外部果皮的1/3 ～ 2/3腐烂时，果心已全部腐烂。

蜜柚幼果蒂腐症状

（3）流胶和干枯：枝干受害后，韧皮部坏死，初期呈现油渍状褐色病斑，韧皮部组织松软并有小裂纹，流出淡褐色至褐色的胶液，并伴有酒糟气味。还有病部不流胶的干枯症状，在气温较高的情况下，病部逐渐干枯下陷，病部周围产生愈伤组织，剥落韧皮部可见露出的木质部，周围呈凸起疤痕，木质部变为浅褐色。

枝干干枯症状

病原：蜜柚黑点病主要病原为柑橘间座壳菌 [*Diaporthe citri* (Fawcett) Wakf]，属于子囊菌亚门球壳孢目间座壳属真菌，其无性态为拟茎点霉（*Phomopsis citri*），属于半知菌亚门球壳孢目拟茎点霉属。分生孢子器在寄主表皮，具瘤状孔口，黑色。分生孢子有α型分生孢子和β型分生孢子，α型分生孢子为梭形、卵圆形或纺锤形，有透明油球，无色，单胞；β型分生孢子无色，无隔膜，丝状，一端稍圆，另一端尖细，弯曲。该病原菌为弱寄生菌。

发病规律：病原菌主要以菌丝体、分生孢子器和分生孢子在病组织内越冬。次年春季环境适宜时，潜伏的菌丝开始发育形成分生孢子器，溢出的分生孢子借风雨、昆虫等媒介传播，形成芽管从伤口或气孔侵入引起组织发病。通过对田间病害系统调查发现，该病菌只能侵染幼嫩组织，不侵染成熟组织。温度在20~30℃，湿度在60%以上即可发病，温度为25℃左右，湿度在80%以上为发病高峰期。引起该病发生的最主要因素是湿度，当湿度不够时，不发病或发病时间推迟且发病症状很轻。染病春梢叶片在3月上旬至4月上旬初显症状，若早春湿度较高，温度达到20℃以上，能较早出现症状，一般果农在防治该病上只注重对果实的防治，因此，夏梢、秋梢和冬梢在温、湿度适宜的条件下均发病严重。染病果实显现症状时间在5月上旬，果径一般为5厘米左右时；在病害防治较好的蜜柚园，由于病原基数逐年减少，果实显现症状的时间会推迟15天左右。

黑点病的侵染来源为蜜柚园中的枯枝和腐烂枝干，整个生长季节均可产生侵染源，因此在改种琯溪蜜柚的蜜柚园（原柑橘园）或树势衰弱、其他病虫害发生严重的蜜柚园黑点病发生严重。当新梢叶片已转色则黑点病菌不侵染；果实的果径小于10厘米较易染病，大于10厘米则较抗病或不显症状。该病可侵染春、夏、秋、冬梢，夏梢正值发病高峰期，在新叶还未展开时即可见症状，而春梢要待新叶展叶后才可见症状。分生孢子通过雨水冲刷或飞溅到达新叶、新梢和幼果等幼嫩组织，也可通过气流传播。雨量大，特别是雨水频繁时，果面持续高湿时间长，病害发生严重。笔者对蜜柚黑点病发生较严重的平和县霞寨镇、坂仔镇、国强乡的部分蜜柚园调查后发现，外堂果比内堂果发病严重，阳面果比阴面果严重，中部果较上、下部果严重，西侧蜜柚园较东侧蜜柚园严重；病原菌分生孢子侵染最适宜温度为24～28℃，低于15℃或高于30℃时将受到抑制。

防控措施：

（1）农业防治：①加强管理，增强树势。合理修剪，主干涂白，做好防冻防晒等，增施有机肥，改良土壤结构，促进蜜柚根系生长。适量增施磷、钾、钙肥，控制氮肥；协调营养生长与结果生长平衡。②做好冬季清园工作。主要清除修剪后的枯枝、落叶，并深埋或带出柚园外烧毁，以减少蜜柚园越冬病原菌基数。

（2）药剂防治：早春新梢萌发前，在树冠和地面喷施45%晶体石硫合剂100～150倍液或20%松脂酸钠150～200倍液＋50%多·氢铜600倍液，注意喷湿全树，有兼治病虫的效果。在春梢萌发期、谢花2/3及幼果期各喷1次药。可选用0.5%～0.8%石灰等量式波尔多液、50%退菌特可湿性粉剂500～600倍液、80%乙蒜素乳油100倍液、41%乙蒜素乳油50倍液等。对发病的枝干，采用病部涂刷治疗，每周1次，连续涂刷3～4次。

笔者综合黑点病的发生规律及2015—2016年田间小区试验结果，总结出预防该病发生的如下措施：①当往年蜜柚园黑点病菌菌源数量大，且当年降雨量较多时，有条件的清除蜜柚园枯枝落叶并集中烧毁，没有条件清除枯枝的蜜柚园，可在施药同时喷湿枯枝，使用47%春雷·王铜可湿性粉剂

750倍液、47%春雷·王铜可湿性粉剂750倍液＋25%苯醚甲环唑乳油2 000倍液交替使用，从春梢抽发2～3厘米时开始施药，间隔20天左右再喷施一次，谢花2/3、幼果期、夏、秋、冬梢抽发期各喷施1次，叶片和果实的染病预防效果可达75%以上。②当往年蜜柚园菌源数量较少或逐年减少时，使用47%春雷·王铜可湿性粉剂750倍液、47%春雷·王铜可湿性粉剂750倍液＋25%苯醚甲环唑乳油2 000倍液交替使用，从春梢抽发2～3厘米时开始施药，间隔25天左右再喷施一次，在谢花2/3、幼果期、夏、秋、冬梢抽发期各喷施1次，可达到理想的防治效果。琯溪蜜柚果实黑点病预防效果达70%以上时，果实上黑点病的病斑细小，不扩展，细看才可见，已达到保证果实外观品质的要求，不影响果实销售价格。

黑斑病

症状描述：

（1）黑星型：病斑发生在果实转色期（7—8月），且多在朝阳面出现，病斑散生，呈圆形至椭圆形，不愈合成大病斑，病斑最初为黑褐色小点，有黄色晕圈，随后产生流胶，扩大并凹陷，凹陷处呈灰白色至棕色，其上散生小黑点，病健交界处有一条明显的赤棕色界线，黄色晕圈消失，病斑经多次流胶渐趋成熟，木栓化并开裂隆起，病斑可侵入果皮内深层海绵组织，但不侵入果肉。这种病斑在国外称为硬斑型（hard spot）。

（2）黑斑型：病斑出现在果实成熟期至贮藏期（7月之后），初现红褐色或黑褐色小点，偶伴有黄色晕圈，国外称黑斑型为雀斑型（freckle spot）或早期毒性型（early virulent spot）。病斑形态受阳光照射影响形成成熟病斑和雀点病斑，成熟病斑多产生在朝阳面，病斑近圆形或不规则形，中央出现灰色至棕色凹陷，外缘呈赤褐色边界，数个病斑可相互愈合成为大病斑，呈泪痕形或不规则形斑块，病斑上产生数个黑色小粒点，病斑形成和扩展期间会不断产生流胶，病菌可以侵入果皮内深层海绵组织，但不侵入果肉。雀点病斑多产生在树荫处的果实上，病斑基本无流胶产生，中央凹陷，呈棕红色，病斑扩大呈近圆形、圆形或不规则形，病健部无明显边界线，病斑上不产生小黑点，病斑相互愈合形成不规则的斑块。病菌仅侵入表层海绵组织。另有黑斑型的症状发生初期果面病斑为淡黄色，油胞间皮部稍凹陷，后扩大呈圆形或不规则形的黑色大病斑。

同一个果实上可能同时出现黑星型和黑斑型2种病斑，称为混合型，叶片染病症状与果实相似，也形成 2 种类型症状，叶片病斑无流胶，未形成黑色小粒点，晕圈不明显或不存在。

病原：病原菌无性阶段为亚洲柑橘叶点霉（*Phyllosticta citriasiana* Wulandari），病斑上的小黑点是病原菌无性世代的分生孢子器，可产生椭圆形或长椭圆形的分生孢子，单孢，无色，均能从病叶和病果上分离得到。

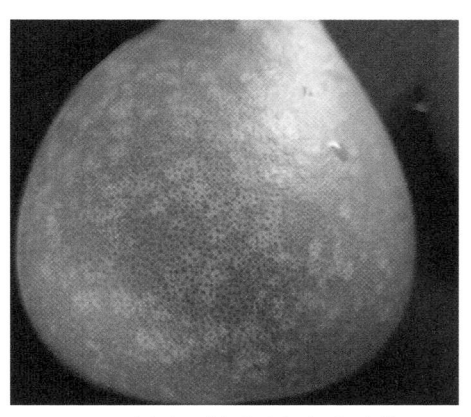

黑星型病斑后期症状　　　　　　　　黑星型病斑（淡黄色）初期症状

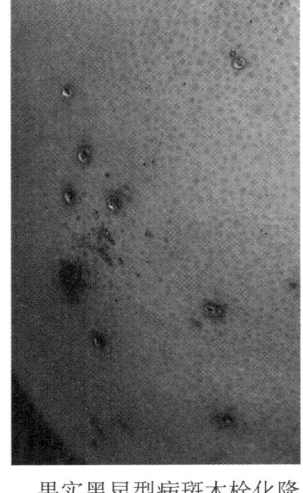
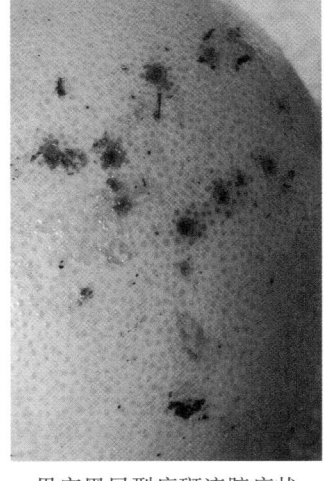

果实黑星型病斑木栓化隆　　果实黑星型病斑流胶症状　　　叶片黑星型病斑
起症状

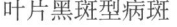

果实黑斑型病斑　　　　　　　　　　叶片黑斑型病斑

发病规律：病原菌潜伏于果实表皮内长达2～3个月，在1—2月，病原菌以菌丝体和分生孢子器在蜜柚病果和病枝叶上越冬，极少见到分生孢子。随着天气变冷，病斑逐渐革质化，颜色加深；早春气温较低，一些老叶、病叶陆续掉落，腐烂消解，其间并未见其上有病菌子实体繁殖孢子。3—4月，温度15℃以上，蜜柚抽梢期，病果、病枝和病叶上的菌源开始繁殖产孢，孢子为无性态的分生孢子。孢子萌发的最适温度为25℃，分生孢子通过雨水飞溅的方式近距离传播侵染。4—5月蜜柚花期至幼果期，病原菌达到侵染高峰。病菌分生孢子萌发出芽管直接侵入幼果果皮。6月蜜柚果实膨大期，果实表面产生蜡质层，此时病原菌难以侵入。在蜜柚生长季节，不定期镜检病叶上的病斑，可观察到病原菌持续繁殖分生孢子侵染蜜柚叶片，并引起新的病斑。7—8月蜜柚果实膨大后期，蜜柚园出现零星病果，病果上病斑较少，带有流胶。9—10月蜜柚果实成熟期，感病果实上出现大量病斑。病斑多分布在果实的朝阳面，初期带有流胶，包裹着许多病菌的分生孢子。病斑上的分生孢子器埋生或半埋生，黑色，顶端有孔口，分生孢子从孔口释放出来。发病严重时，果实上病斑连片成块，由此推测可能是流胶中的分生孢子再侵染所致。携带病原菌的果实在贮运过程中可继续发病产生新的病斑。

防控措施：

（1）农业防治：每年12月至翌年1月，应做好蜜柚果园清园工作，剪除染病枝叶、枯枝、荫蔽枝，彻底清除蜜柚园恶性杂草、落叶；增施优质有机肥，注意氮、磷、钾的合理配比，增强树体抗病力；合理修剪，树冠不可过度透光，以免阳光直射增加而导致果实加重发病。2月底至3月上旬，彻底清除地面落叶，或在地面撒施石灰、尿素等加速落叶腐烂，以减少病菌侵染。果实膨大期，在菌源较少、前期防治到位的前提下，使用果实套袋技术可达到良好的防治效果。套袋前应喷洒防治黑斑病、炭疽病、螨类、蚧壳虫等病虫害的药剂，施药后3天内完成套袋工作。套袋应使用药性纸袋，套袋时间在7—8月为宜，至果实采摘时解除套袋。

（2）药剂防治：冬季清园时对壮树喷洒石硫合剂、松脂合剂各1次，间隔20～25天，对较弱树可喷1～2次70%甲基硫菌灵可湿性粉剂1 000倍液或50%多菌灵可湿性粉剂600倍液，以减少越冬菌源基数。在谢花后45天内，每隔15～20天喷药1次，连续喷药2～3次。对于未套袋蜜柚园，在7—9月每月喷药1次，药剂可选用70%甲基硫菌灵可湿性粉剂1 000倍液、10%苯醚甲环唑水分散粒剂1 000～1 200倍液、80%戊唑醇可湿性粉剂2 000～2 500倍液等，若使用80%代森锰锌可湿性粉剂600倍液或70%丙森锌可湿性粉剂800倍液，既能防病（黑斑病、炭疽病等）又能给果树补充锌元素，此外，锌还能驱避锈螨，一举三得。

脂点黄斑病

症状描述：近几年来，蜜柚果实脂点黄斑病发生越来越严重，在平和县发生严重的蜜柚园发病率可达30%以上，在福清市发生则更严重，有的蜜柚园发病率高达70%以上。该病主要为害叶片和果实，在田间，叶片症状主要有以下几种类型。

（1）脂点黄斑型：发病初期，叶背首先出现针头大小的褪绿小点，对光透视可发现病斑处呈半透明状；后逐渐扩展成大小不一的黄色斑块，出现淡黄色疤疹状小粒点；之后随着病斑扩展老化，小粒点颜色加深，形成不规则黄褐色至黑褐色的脂斑，在每个脂斑出现的叶片正面可见不规则的黄色斑块。病斑边缘不明显，中部呈现淡褐色或黑褐色的疤疹状小粒点，病斑不隆起，且病斑周围组织仍保持绿色。

（2）褐色小圆星型：发病初期，叶面首先出现芝麻粒大小赤褐色的近圆形斑点；随后扩大变成圆形或椭圆形病斑，呈灰褐色，直径1～3毫米，病斑边缘色深且稍微凸起，中间颜色稍淡并凹陷，这也是褐色小圆星型的脂点黄斑病区别于溃疡病的典型症状；后期病斑变成灰白色，出现黑色小粒点，一般每叶数个至数十个，叶片正反面均有。

（3）混合型：同一张叶片上，同时出现脂点黄斑型和褐色小圆星型的病症。一般夏梢被侵染后，常出现此种混合型病斑。

枝梢：一般不易发生，若枝梢被侵染后便会僵缩，停止生长，影响树冠扩大。

果实：发病初期，果皮上出现淡黄褐色小点；病斑在不断扩展和老化的过程中颜色变深褐色，同时分泌脂状物，很快被氧化成黑褐色，形成病健部界限不易分开的大脂斑。此种病斑常出现在果实向阳那一面的表皮上，一般不会侵入果肉。

病原：脂点黄斑病病原有性阶段为柑橘球腔菌（*Mycosphaerella citri* Whiteside），属于子囊菌亚门，球腔菌属。无性阶段为柑橘灰色疣丝孢菌 [*Stenella citri-grisea* (Fisher) Sivanesan] 和叶点霉菌（*Phyllosticta* sp.）。

发病规律：栽培密度大，修剪不到位，导致树冠郁闭，通风透光不良，易发生蜜柚脂点黄斑病。此外，部分蜜柚园由于冬季清园不彻底，病菌以菌丝体在病叶和果实上越冬，在腐败分解的过程中产生子囊孢子为初侵染来源，借风雨传播到春梢新叶上萌发后不立即侵入叶片，而是继续生长产生侵入丝，从气孔侵入为害；或产生分生孢子，但病叶上产生分生孢子较少，再侵染几率较小。病原菌生长的温度为 10 ~ 35℃，最适温度为

青果脂点黄斑病的症状

青果脂点黄斑病的症状

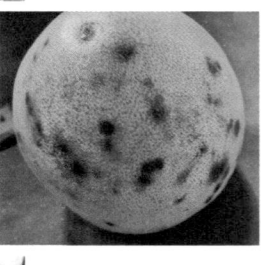

成熟果实脂点黄斑
病的症状（黑褐色）

成熟果实脂点黄斑病的症状（褐色）

叶片脂点黄斑病的症状

叶片脂点黄斑病初期症状

25～30℃；病原菌对pH的适应范围比较广，pH4～9之间均能生长。病原菌具有较长的潜伏期，潜伏期为1～4个月，通常为1～2个月，即3—4月病菌开始侵入春梢或幼果，4月中下旬至6月下旬为该病在全年中第一次发病高峰期，若春梢叶片受早春红蜘蛛为害严重则发病程度加重。第二次发病高峰期为8月中下旬至9月，此时雨水多，温湿度适宜发病。该病害易引起严重的落果、落叶，在敏感的果实上产生病斑，可侵染所有柑橘品种，但在柚类品种上发病最为严重。

不同品种感病程度有一定差异，以琯溪蜜柚、胡柚、葡萄柚、椪柑、蕉柑、晚芦柑、香柚等发病较重；同一品种，幼龄树发病轻，老龄树发病重；雨水多、空气湿度大，产孢数量多，则相对发病较重，反之，相对较轻；管理水平较差的蜜柚园，尤其是螨害发生严重的蜜柚园病害发生严重，反之，相对较轻。冬季发生冻害后次年发病重，反之，相对较轻；土壤有机质缺少或偏施用氮肥，清洁不彻底的蜜柚园发病重。

防控措施：

（1）农业防治：①冬季清园是防治脂点黄斑病的关键，要彻底清除蜜柚园内枯枝、落叶、病果，带出蜜柚园就近集中烧毁，通过向地面喷洒石硫合剂，撒施生石灰或尿素等方法加速染病组织腐烂，减少蜜柚园菌源数量。科学修剪，应在每年采收后剪除病枝、枯枝、弱枝、过密枝、徒长枝等，改善光照条件，保持蜜柚园通风透气。②新建蜜柚园要严格按照株行距进行定植，切不可栽植过密。对于树势衰弱、发病较重的蜜柚园，要及时喷施叶面肥，增施有机肥，培养健壮树势。对于一些土壤结构较差的蜜柚园，可采用有机肥替代化肥，多施菜饼肥、绿肥、生物菌肥等以增加土壤有机质，改善土壤的理化性状，提高树体抵抗力。同时，应加强对春季螨类的防治。

（2）药剂防治：①预防为主，第一次施药在新梢叶片展叶期进行以保护叶片，第二次施药在谢花2/3时进行以保护幼果，第三次施药在5月下旬至6月进行以保护膨大期果实，第四次施药在8月下旬至9月进行。药剂可选用80%代森锰锌可湿性粉剂600～800倍液、70%丙森锌可湿性粉剂700～800倍液、75%肟菌酯·戊唑醇水分散粒剂4 000倍液、60%吡唑醚菌酯·代森联水分散粒剂1 500倍液、25%苯醚甲环唑乳油3 000～4 000倍液、30%吡唑戊唑醇2 000～2 500倍液、75%吡唑丙森锌可湿性粉剂1 000～1 500倍液、50%咪鲜胺可湿性粉剂1 500倍液等，注意轮换用药。②当预防措施落实不到位，出现零星病斑时，可在6—7月或9月使用0.7%石硫合剂（波美22度）喷施控制病害的蔓延。由于此时天气炎热，使用石硫合剂浓度过高易产生药害，浓度不可超过0.7%，喷药宜选择在阴天或早晚时段进行，上午10时30分后至下午4时以前不宜施药。

拟脂点黄斑病

症状描述：一般在5—7月于叶背出现许多小点，后小点周围变黄，病斑不断扩展老化，中间稍微隆起，小点连成不规则大小的病斑，黑褐色，微突，病斑相对应的叶片表面可出现黄斑或没有黄斑。受害叶片叶龄短，当年冬季大量落叶，树势衰弱，座果率下降。

叶片拟脂点黄斑病症状

病原：该病的病原为掷孢酵母（*Sporobolomyces roseus* Kluyver et van Niel）和出芽短梗霉 [*Aureobasidium pullulans*(de Bary) Arnand]。

发病规律：该病在田间的发生与螨类严重为害有一定的关系。红蜘蛛对春梢叶片为害严重或7—9月锈壁虱为害新梢叶片，造成叶片油胞破坏形成较多伤口，容易发生该病害。

防控措施：参照蜜柚脂点黄斑病的防控方法，并注意及时防治红蜘蛛，特别是锈壁虱的防治。

疮痂病

症状描述：主要为害春梢、晚秋梢、冬梢的嫩叶，花和幼果，尤以春梢发病最为严重。发病严重时可引起大量落叶、落花、落果，尤其易侵染幼嫩组织。被害叶片、果实畸形，蜜柚品质变差，商品等级降低。叶片染病，初生蜡黄色油渍状小斑点，后斑点呈蜡黄色。后期病斑木栓化，形成灰白色至暗褐色圆锥状疮痂，病斑常向叶面（有时也向叶背）一面突出呈牛角状，另一面凹陷呈漏斗状，表面粗糙，严重时病斑常连片，致叶片扭曲畸形。幼叶染病常干枯脱落后穿孔。新梢染病时，症状与叶片染病相似。豌豆粒大的果实染病，呈茶褐色腐败状而落果。幼果稍大时染病，果面密生茶褐色疮痂，早期易脱落；残留果发育不良，果小、皮厚、汁少、果面凹凸不平。近成熟果实染病，病斑小不明显。有的病果病部组织坏死，呈癣皮状脱落，组织木栓化，皮层变薄且易开裂。如病斑聚集，果实也会变成畸形果，落果严重。天气潮湿时病斑上有一层灰色霉状物。

晚秋梢疮痂病症状（正面）

晚秋梢疮痂病症状（背面）

春梢嫩叶疮痂病症状

春梢转色期叶片疮痂病症状

嫩梢疮痂病症状

幼果疮痂病症状

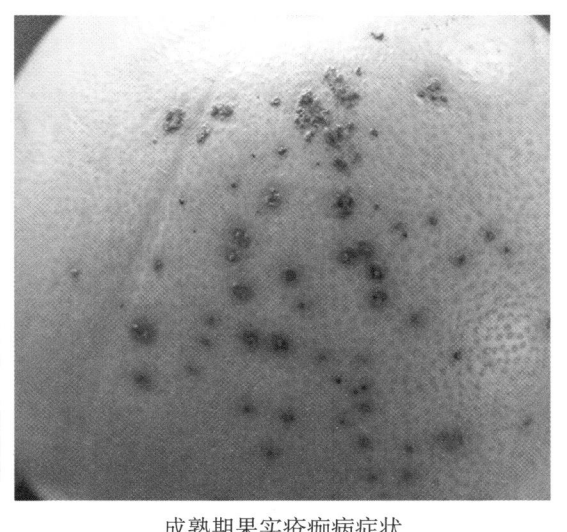

膨大期果实疮痂病症状　　　　　　　成熟期果实疮痂病症状

病原：该病的病原菌无性阶段为柑橘痂圆孢菌（*Sphaceloma fawcettii* Jenkins），有性阶段为柑橘痂囊腔菌（*Elsinoë fawcettii* Bitane. et Jenkins）。

发病规律：病原菌以菌丝体在病叶、病梢的组织内越冬。翌年春季当气温慢慢回升后，病菌借风雨和昆虫传播，其分生孢子萌发芽管侵入当年的新梢、嫩叶及幼果中。病菌侵入幼嫩组织内约10天，病部即可产生新的分生孢子，进行再侵染，如此可反复多次再侵染。疮痂病主要是通过带菌的苗木、接穗和鲜果进行远距离传播。

该病的发生与天气因素和组织老熟程度有关。①天气因素：温湿度对疮痂病的发生起到关键性的作用，疮痂病菌菌丝体开始生长的温度为15℃，发病的最适温度为18～23℃，当温度上升至28℃以上时则较少发病。春梢、晚秋梢抽梢期，如阴雨连绵或早晨雾浓露重，该病即流行。夏梢抽梢期由于气温较高，一般发病较轻。处于雾多、荫蔽和气温相对较低的山地蜜柚园发病严重。②组织老嫩程度：疮痂病只侵染幼嫩组织，刚抽出而未展开的嫩叶、嫩梢以及刚谢花的幼果最易受侵害，随着组织不断老熟，抗病能力逐渐增强，组织完全老熟后则不会感病。2022年2至3月，通过在平和县文峰镇、坂仔镇、小溪镇调查发现，春梢嫩叶发病严重，特别是一些幼龄树蜜柚园，春梢发病率达50%以上，个别达到100%。

防控措施：

（1）加强检疫：新建的蜜柚园在引进苗木时，应加强苗木检疫管理，杜绝带病苗木进入新区。接穗、苗木可用50%苯菌灵可湿性粉剂800倍液或50%多菌灵可湿性粉剂800～1 000倍液或70%甲基硫菌灵可湿性粉剂1 000倍液浸泡30分钟，以起到良好的杀菌作用。

（2）农业防治：冬季做好清园工作，科学修剪，剪去病梢、病叶并集中烧毁，以消灭越冬病菌，减少翌年侵染来源，同时应剪去其他病虫枝、弱枝、阴蔽枝、交叉枝、直立枝等，使树冠通风透光良好，降低湿度。另外，增施优质有机肥，促进树体强壮、新梢抽发整齐。

（3）药剂防治：由于病菌只侵染幼嫩组织，因此喷药保护要抓早、抓好。第1次喷药在春芽萌发至2～5毫米时，第2次在谢花2/3时，以保护春梢和幼果。夏、秋梢期各喷药1次，如不留夏梢，在夏梢期则无需喷药。药剂可选用波尔多液0.4%（倍量式）、53.8%氢氧化铜（可杀得）干悬浮剂2 000倍液、20%噻菌铜悬浮剂500倍液、80%代森锰锌可湿性粉剂800倍液、70%丙森锌可湿性粉剂600倍液、25%咪鲜胺乳油1 500倍液、25%苯醚甲环唑乳油3 000～4 000倍液、75%百菌清可湿性粉剂1 000倍液、25%嘧菌酯悬浮剂1 000～1 500倍液、3%植物激活蛋白可湿性粉剂1 000倍液等。注意轮换用药。

煤烟病

症状描述：蜜柚煤烟病造成树体组织表面布满煤烟状物，影响叶片进行光合作用，导致树势衰弱，开花少，果实少且小、外观差、品质下降、商品价值降低。

在叶片、枝梢或果实表面出现灰黑色的小煤斑，后逐渐扩大，最后形成灰色、暗褐色或黑色霉层，但不侵入寄主。不同病原种类呈现不同的症状，刺盾炱属引起的霉层似锅底灰，煤层较厚，为绒状，用手擦之即成片脱落。煤炱属引起的煤层为黑色薄纸状，在干燥的条件下自然脱落或容易撕下。小煤炱属引起的霉层呈放射状小霉斑，分散在叶面、叶背和果实表面，煤层不断扩散覆盖全叶，严重时一片叶子上常有数十个乃至上百个小霉斑，其菌丝产生吸胞，能紧附在寄主表面，不易剥落。

煤炱属引起的叶片煤烟病

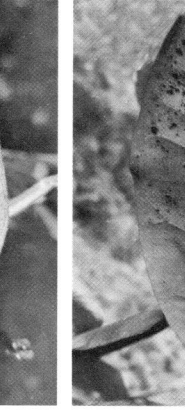

刺盾炱属引起的叶片煤烟病　　　　小煤炱属引起的叶片煤烟病

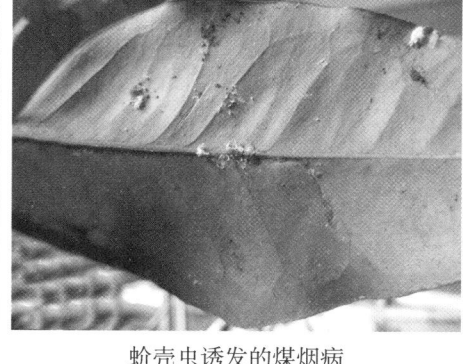

蚜虫诱发的煤烟病　　　　　　蚧壳虫诱发的煤烟病

病原：煤烟病的病原菌种类多达10余种，常见的主要有3种，即柑橘煤炱（*Capnodium citri* Berk. et Desm.），刺盾炱 [*Chaetothyrium spinigerum* (Höhnam.) Yamam.]，巴特勒小煤炱（*Meliola butleri* Syd.）。其中以柑橘煤炱最为常见，其以粉虱、蚜虫、蚧壳虫排泄的分泌物为营养。

发病规律：病原菌以菌丝体及闭囊壳或分生孢器在病部越冬，翌年春季由霉层飞散孢子，借风雨传播。多数种类的病原菌以蚜虫类、蚧类和粉虱类害虫的分泌物为营养，因此这些害虫的存在是该病发生的先决条件，并随着这些害虫的活动而消长、传播与流行。小煤炱属引起的煤烟病则与蚧类、粉虱类、蚜虫类害虫关系不密切，系一种纯寄生菌。在栽培管理不善、郁闭、潮湿的蜜柚园，发病较严重。3—5月及9—10月春夏梢和秋梢期蚧类、粉虱类、蚜虫类害虫发生与其关系密切。

防治措施：

（1）农业防治：加强蜜柚园栽培管理，合理修剪，剪除过密枝、枯枝及病虫枝等，改善树体通风透光条件，增强树势，有利于减轻该病的发生。

（2）药剂防治：首先应加强蜜柚园蚧类、粉虱类、蚜虫类、蜡蝉类等害虫的防治，尤其要及时防治蜜柚园粉虱、蚜虫等极易诱发严重煤烟病的害虫，具体防治方法参考害虫防治部分。其次是冬季及时清园，可喷施矿物油200～250倍液或松脂合剂8～10倍液，也可雨后在叶片上撒石灰粉，促进煤层脱落。在6月中、下旬喷施1次铜皂液（硫酸铜0.5千克、松脂合剂2千克、水200千克）。在发病初期喷施0.3%～0.5%倍量式波尔多液、80%乙蒜素2 000倍液＋99%绿颖300倍液、40%克菌丹可湿性粉剂400倍液，可抑制该病害的蔓延。当煤烟严重覆盖树体时，可喷施90%机油乳剂200倍液。

褐腐病

症状描述：主要为害树冠中下部膨大期和近成熟期的果实，也可为害叶片、枝梢、果柄和花，还可引起储运期果实腐烂。发病初期果皮上出现淡褐色的小圆点，该小圆点迅速扩大，并呈黄褐色水渍状，病斑变软并略呈凹陷。该病的明显特征是病部呈圆形，一般在果实发病后10天左右，出现大量的落果。在高温高湿条件下，果实表面可产生稀疏白色菌丝，菌丝紧贴果皮，形成膜层，病果散发出闷臭味。该病病斑在果实上的任何部位都可发生。

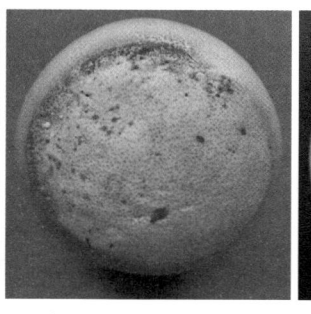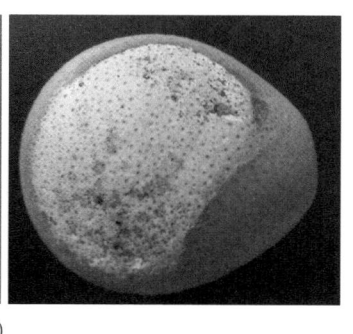

蜜柚褐腐病（田间落果）

病原：该病的病原菌为寄生疫霉（*Phytophthora parasitica* Dastur）。

发病规律：褐腐病的侵染源主要来自带菌土壤及病残体，病菌在潮湿的地面形成游动孢子，游动孢子靠雨水的飞溅附着到树冠下层果实上，孢子萌发后可直接侵入果实的任何部位，引起发病。在田间有明显的发病中心，通常在低洼处首先发病，多数集中在距离地面1米左右的树冠上，然后向四周扩展。越接近地面的果实，越容易染病。病害的发生与流行程度和气候条件、蜜柚园荫蔽度、地势及品种等关系密切。当温度为29～31℃，相对湿度为85%以上时最适宜发病，病害蔓延迅速。树冠覆盖率达85%以上的蜜柚园，果实发病率达7%～8%；树冠覆盖率在70%左右的，发病率仅为3%～4%；一般田地种植的发病率为3%～4%，山坡地种植的为1%～2%。柚类不同品种的抗性有明显差异。琯溪蜜柚最易感病，金柚、文旦柚、水晶柚等品种较抗病。此外，偏施氮肥的蜜柚园，抽梢多，树势旺，造成郁闭，也易发生。

防控措施：

（1）农业防治：①选择地下水位高的地方或山坡地进行合理密植，尽量避免在低洼积水的地方建园，并建好蜜柚园的排灌系统，及时排除积水。②加强肥水管理，增施优质有机肥，促使树势健壮，能有效减少病害的发生。③合理修剪，剪除过密枝、病虫枝、强枝等，并对下层无果的荫蔽枝、下垂枝进行适度修剪，保持蜜柚园通风透光。④撑枝，在果实膨大期对接近地面的下层果采取撑、吊果技术，可有效减少病害的发生。⑤保持园内卫生，对已经发生病害的蜜柚园，及时捡拾烂果，对烂果集中进行无害化处理，避免二次侵染。

（2）药剂防治：由于病菌潜伏期短，蔓延扩展相当迅速，因此，在发病高峰期之前，在地面撒施生石灰，每亩用量为30～50千克，可杀死地表病菌，减少病源基数。在每年的5月和8月或发病之前用药防治，10天1次，连续2次，药剂可选用80%代森锰锌可湿性粉剂600～800倍液，58%瑞毒霉锰锌可湿性粉剂700～800倍液，30%氢氧化铜悬浮剂600～700倍液，80%疫霜灵可湿性粉剂700～800倍液，12%绿乳铜乳油600～700倍液，72%克露可湿性粉剂600～800倍液。若遇连续降雨，应在雨停后第2天立即喷药，树冠与地面应同时喷施。

流胶病

症状描述：发病初期皮层出现红褐色小点，有水浸状隆起，隆起部位中央逐渐溢出胶液，胶液初为无色透明状，凝结后渐变成红褐色，有酒糟味，沿皮层纵横扩展，但不及木质部（区别于树脂病流胶），病皮下产生白色菌丝层；随着气温升高，病部干缩，皮层开裂，中央形成纵裂小缝，后期病部树皮干枯卷翘脱落下陷，剥去外皮层可见菌丝层中有许多黑褐色钉头状突起，即子座，在突起周围有白色菌丝环，潮湿时子座顶部滴出淡黄色卷丝状的分生孢子角，开裂部位反复流胶，染病严重时主干上病斑密集，并沿皮层向纵横扩展，木质部变褐坏死，导致树体养分输送受阻，枝条干枯，树势衰弱，甚至植株死亡。日灼、裂果、虫害、其他病害等易引起果实流胶，病部初为无色透明胶状，果实易腐烂。

发生类型可分为生理性流胶和病理性流胶。生理性流胶主要发生在主干和主枝上，雨后树胶与空气接触变成茶褐色硬质琥珀状胶块，被腐生菌侵染后病部变褐腐烂，导致树势越来越弱，最后枯死。雨季发病重，大龄树发病重，幼龄树发病轻。病理性流胶主要为害枝干，病菌侵染当年生枝条，多从伤口和侧芽处入侵，出现以皮孔为中心的瘤状突起，当年不流胶，具有潜伏侵染特征，次年瘤皮开裂溢出胶液，发病后期病部表面生出大量梭形或圆形的小黑点。

病原：引起流胶病的病原菌有5种，以疫霉属（*Phytophthora* sp.）感染和发病最快。

发病规律：有人认为该病是黑点病、蒂腐病、炭疽病、菌核病、脚腐病等多种病原复合侵染的同型现象。另外，日灼、虫伤等均可导致流胶病

蜜柚大枝条流胶病

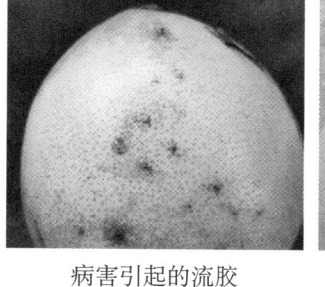
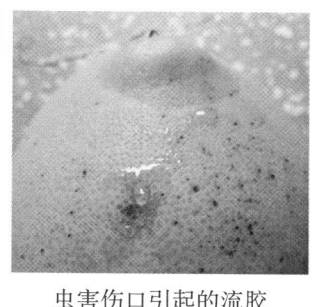

病害引起的流胶　　　　　虫害伤口引起的流胶　　　　　裂果引起的流胶

的发生。该病在田间全年均有发生，病菌在病组织中越冬，成为翌年的初侵染来源。温度在15～25℃，有水膜的条件下，流胶病菌分生孢子开始侵染。在伤口和病原菌同时存在的情况下，发病率相对较高。高温多雨季节发病重，老树、弱树发病重，长期积水、土壤黏重、树冠郁闭的蜜柚园发病重。

防控措施：

（1）农业防治：①保持柚园卫生，剪除病枝，集中烧毁，清除枯枝落叶，减少菌源基数；合理间伐、透光修剪，采取"密改稀"和"开天窗"的措施，以增强树体的通风透光，创造不利于病原菌滋生的环境条件。②建立排灌系统，在高温多雨季节排除蜜柚园内积水，减少病害发生。③合理负载、适时采收，克服"大小年"，果实成熟后及时采收，有利于恢复树势，增强树体抗病性。冬夏两季进行枝干涂白，防冻防晒，减少伤口，用生石灰5千克、石硫合剂原液0.5千克、食盐0.5千克、动物油0.1千克、水20千克混合配制成涂白剂。

（2）物理防治：用小刀将病部的腐烂组织刮掉，再用酒精喷灯对准刮除的部位灼烧，从外缘移向中部，持续大约30～40秒，使刮伤部位呈黑褐色，既彻底消灭了病原菌，又防止了病菌的再次侵染。据调查，灼烧后1个月左右愈伤组织自然愈合率可达90%。

（3）药剂防治：在爆皮流胶处采用"浅刮深刻涂药法"治疗。先用利刀将翘皮流胶刮除干净，再纵切木质部形成数条裂口，然后用70%甲基托布津可湿性粉剂100倍液、80%乙磷铝可湿性粉剂100～200倍液、75%百菌清可湿性粉剂100～150倍液、20%丁香菌酯100倍液涂抹伤口，每隔15天涂抹一次，连续2～3次。

青霉病、绿霉病

症状描述：蜜柚青霉病、绿霉病的症状基本相同，只为害蜜柚果实，导致果实腐烂。果实受害初期均会出现水渍状圆形病斑，呈褐色软腐略凹陷皱缩，染病2～3天后病部长出白色霉层，之后在白色霉层中部产生青色（青霉病）或绿色（绿霉病）粉状霉层（分生孢子梗和分生孢子），外围有一圈白色霉层（带），霉层边缘与健部交界处呈水渍状环纹，病斑后期可深入果肉，导致果实腐烂。青霉病以果实开始贮藏时发生较多，在果皮、果心、果肉处均可发生，白色霉环仅有1～2毫米宽，病斑的边缘水渍状较明显、整齐、宽度不大，霉层不会黏附包装纸，能闻到发霉气味。绿霉病以

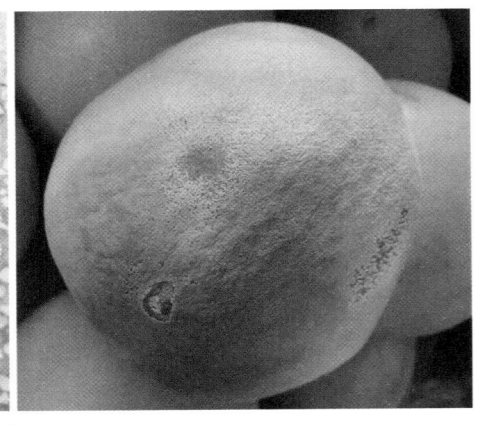

蜜柚青霉病

上绿霉病，下青霉病

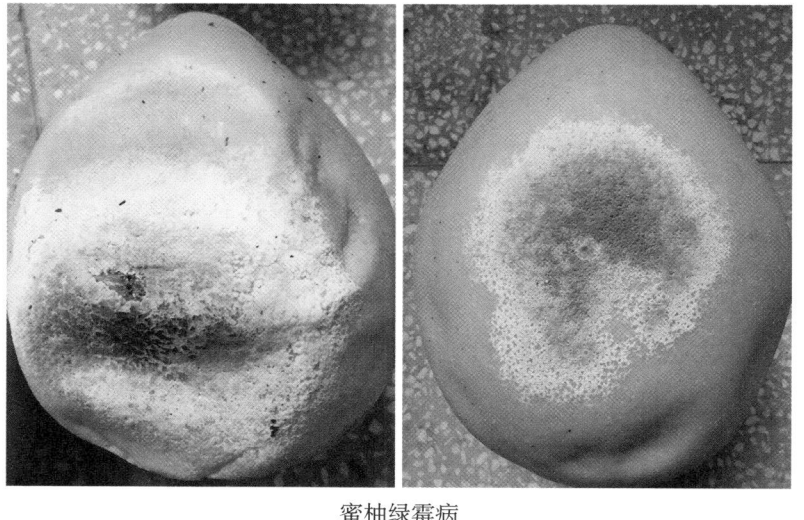

蜜柚绿霉病

果实贮藏中后期发生较多，病菌仅长在果皮上，白色霉环为8～18毫米，呈胶质状，略有皱纹，边缘的水渍状不明显，不整齐，宽度较大，霉层常黏附在包装纸上，能闻到一股芳香气味。

病原：青霉病病原为意大利青霉（*Penicillium italicum* Wehmer），绿霉病病原为指状青霉（*Penicillium digitatum* Saccardo）。意大利青霉和指状青霉均归属为半知菌纲（Deuteromycetes），丛梗孢目（Moniliaceae），丛梗孢科（Moniliaceae），青霉属（*Penicillium*）。

发病规律：青霉病菌和绿霉病菌都可在各种有机物质上营腐生生长，并产生大量的分生孢子，分生孢子可通过气流传播，经伤口及果蒂侵入果实，在储藏期也可通过病果和健果接触传染。病原菌侵入果皮后，可分泌多种水解酶，破坏细胞中胶层，造成果皮细胞组织破裂，产生果实软腐现象。绿霉病病原菌侵入果实后，能分泌一种挥发性物质，与有伤口的果实接触后引起发病，病原菌生长的最适宜温度为25 ～ 27℃。田间果实发生青霉病一般在果蒂及其附近，但在储藏期其发病部位没有一定的规律。湿度和温度是其发病的关键因素，菌丝的生长最适温度为27℃，分生孢子形成最适温度为20℃，发病最适的温度为18 ～ 26℃，在相对湿度达到95%以上时发病迅速。

雨后露水未干或多雾时采收果实，采前蜜柚园灌水，则果皮含水量高、易受伤，病原菌易侵入。采收时造成的伤口，易被青霉菌分生孢子侵染，伤口多，挤伤、压伤的果实发病重。高温高湿，储藏库温度高于15℃，相对湿度在95%以上，则发病重。病虫害发生严重的蜜柚园中果实难以储藏。此外，还与果实成熟度有关，过了采收期的果实发病重。

防控措施：

（1）农业防治：避免果实受伤，在果实采收、清洗、分装及储藏过程中要避免果实机械性损伤。同时要适当提早采收果实，能预防多种储藏期病害的发生。采用单果包装，果实采收清洗后，采用塑料薄膜单果包装，可减轻病原菌在果实之间的传播。

（2）药剂防治：清洁柚园，对田间有发生过该病害的蜜柚园，在采果前2周喷施1次杀菌剂，药剂可选用50%多菌灵1 000倍液、50%咪鲜胺锰盐可湿性粉剂1 500 ～ 2 000倍液等，以减少病原菌的侵染。果实采收后进行浸果处理，可在25%咪鲜胺可湿性粉剂800 ～ 1 000倍液或25%咪鲜胺微乳剂1 000 ～ 1 200倍液或45%噻菌灵3 000 ～ 4 000倍液中浸泡3 ～ 5分钟后，取出晾干，在通风处阴干2 ～ 3天后以薄膜包装。注意对于不同成分的药剂，每年使用一次为宜。储藏库消毒。在果实进库前，库房用硫磺粉进行熏蒸，每立方米5～10克；或用40%福尔马林喷洒，每立方米10～15毫升，熏蒸或喷洒后密闭3～4天，然后打开门窗通风2～3天，待药味散后方可入库储藏。

脚腐病

症状描述：该病主要发生于蜜柚主干基部，引起皮层腐烂，须根死亡，病部可深达木质部。发病初期，病部树皮呈水渍状，有酒糟气味，颜色变褐常渗出褐色胶液。气候干燥时，病斑干裂。温暖潮湿时，病部不断向纵横扩展，向下蔓延至根部，向上蔓延一般不高于地面30厘米，横向扩展，造成环割现象，最终导致植株死亡。病树部分大枝上或整个树冠叶片的中脉及侧脉呈黄色，该病引起叶落、枝枯，树势衰弱，开花多，花期短，结果少，果实着色早、皮粗味酸。果实发病时，先出现圆形的淡褐色病斑，后病斑渐变成褐色水渍状。病健部分界明显，该病只侵染白皮层，不烂及果肉。干燥时病斑干韧，手指按下稍有弹性；潮湿时则呈水渍状软腐，长出白色菌丝，有腐臭味。

病原：此病由多种真菌引起，国内已知报道的有12种，主要由镰孢霉和疫霉引起，如金黄尖镰孢霉 [*Fusarium oxysporum* Schlect.var. *aurantiacum*（L K.）Wollenw.]，柑橘褐腐疫霉 [*Phytophthora citrophthora*（R.et E.Smith）Leon.]、棕榈疫霉（*Phytophthora palmivora* Butler）和寄生疫霉（*Phytophythora parasitica* var. *nicotranae* Tucker）等。

脚腐病致全株枯死

脚腐病致叶片黄化

脚腐病的症状

发病规律：病菌以菌丝体和厚垣孢子在病株和土壤中的病残体上越冬，成为翌年的初侵染来源。当翌年气温升高，雨量增多时，旧病斑中的菌丝继续为害健康组织，同时不断地产生孢子囊，释放游动孢子，随水流或土壤传播，再由伤口侵染新的植株。也可随雨滴溅到近地面的果实上，使果实发病。高温多雨天气、发生涝害、土质黏重、排水不良的蜜柚园发病重；种植过深、过密或间种高秆作物以及害虫为害或农事操作导致基部损伤均有利于此病的发生。果实也会在储运时发病。

防控措施：

（1）农业防治：①加强蜜柚园管理，做好排灌系统建设，防止蜜柚园积水，及时防治为害基部皮层的虫害，农事操作时避免损伤皮层，合理密植，科学修剪，使蜜柚园通风透光，降低蜜柚园湿度。②利用抗病砧木。利用亲和性好的抗病砧木，适当提高嫁接部位，是目前防治该病的最经济有效的方法。新种植的植株，嫁接口不可埋入土壤中。

（2）药剂防治：在初夏发病季节前后，普查田间发病情况，将每株蜜柚树的根茎部土壤扒开，发现病斑时，将腐烂的皮层或已变色的木质部刮除干净，然后在伤口处涂药保护，药剂可选用1∶1∶10（硫酸铜∶生石灰∶清水）的波尔多液、25%瑞毒霉可湿性粉剂200～300倍液、70%甲基托布津（或50%多菌灵）可湿性粉剂100～200倍液、25%甲霜灵可湿性粉剂400～500倍液、80%三乙膦酸铝可湿性粉剂100～200倍液等。

膏药病

症状描述：主要为害小枝条和枝梢。受害枝条上长出圆形或不规则形的病菌子实体，并沿枝条横向或纵向扩展，像贴着膏药一样。白色膏药病菌子实体表面平滑，呈乳白色或灰白色，扩展后颜色不变，在温湿度适宜时，边缘常扩展新的菌膜，严重时菌膜包围整个枝条。褐色膏药病菌的子实体表面呈丝绒状，褐色，周缘有狭窄的灰白色带。

膏药病菌丝体沿枝条横向扩展

病原：白色膏药病病原为柑橘白隔担耳菌（*Septobasidium citricolum* Saw.），褐色膏药病病原为卷担菌属的一种真菌（*Helicobasidium* sp.）。

发病规律：病菌以菌丝体在病部越冬，翌年春、夏季，当湿度适宜时，菌丝继续生长形成子实层，并产生担孢子，借气流和昆虫传播为害。病菌均以蚧壳虫类、蚜虫类分泌的蜜露为养料，因此，蚧壳虫、蚜虫发生严重的蜜柚园膏药病发生也严重。蜜柚园环境荫蔽潮湿或管理粗放的情况下该病发生严重。

防控措施：

（1）农业防治：剪除过密的荫蔽枝，使果园通风透光良好，清除病枝，减少菌源。

（2）药剂防治：在蚧壳虫孵化盛期和末期及蚜虫发生期，及时进行喷药防治，药剂参考虫害部分。用竹片或小刀刮去发病部位的菌膜，刮除后病部涂抹1：1：（10～15）（硫酸铜：生石灰：清水）的波尔多液。在4—5月和9—10月雨前或雨后涂抹1～2次效果较好。

3.病毒、类病毒病害

衰退病

症状描述：发病后植株严重矮化，新梢抽发能力下降、数量明显减少，树冠小，病叶皱缩、卷曲，叶片变小，叶色暗淡，主脉附近黄化，老叶大量脱落，病枝木质部出现茎陷点，发病1年后，树冠上出现许多枯死的小枝，病株根端亦出现枯死并逐渐发展到侧根腐烂。发病初期病树仍能开花结果，但果实小，果形较正常，发病严重时病树挂果极少，果实小、畸形。衰退病病毒还存在明显的株系分化，根据其致病性强弱可分为强毒系和弱毒系，根据其症状表现则可分为速衰型、茎陷点型和苗黄型3种类型。其中，感染表现速衰型和茎陷点型的病毒株系为强毒系，感染表现苗黄型的病毒株系为弱毒系。

速衰型衰退病在以酸橙为砧木的甜橙和葡萄柚上能够引起植株的韧皮部坏死，从而出现叶片干枯脱落、果实干缩脱落的现象，最终导致植株迅速衰退和死亡；茎陷点型衰退病则会引起易感植株的树势矮化、衰退，茎、枝干木质部出现棱形黄褐色大小不一的凹陷点或凹陷沟，并最终导致植株生长发育迟缓、果实品质下降；苗黄型衰退病常导致实生苗叶片黄化、植株矮化等症状。

苗黄型　　　　　　　　　　　　　　苗黄型（放大）

病原：衰退病是由柑橘衰退病毒（*Citrus tristeza virus*，CTV）引起的，该病毒属长线形病毒科（Closteroviridae）长线形病毒属（*Closterovirus*）。

发病规律：衰退病可以通过韧皮部组织嫁接传播。在田间还能够通过橘蚜、棉蚜、橘二叉蚜、橘声蚜和绣线橘蚜等多种蚜虫传播，其中橘蚜传毒力最强。CTV由多种蚜虫以半持久方式传播。蚜虫吸食染病植株10分钟后即可获毒，且在24小时内，吸食时间越长，传毒力越强。带毒蚜虫离开染病植株24小时内仍具有传毒能力。病毒侵入寄主后一般先从顶部往下运行破坏砧木的韧皮部，阻碍养分输送导致根部腐烂后引起地下部发病。种子、汁液和土壤不传毒。

防控措施：

（1）农业防治：对苗木进行脱毒处理，建立无病毒苗木繁育基地，培育品种纯正、健壮且成活率高的无病毒容器苗，既可从源头切断病毒嫁接传播途径，又可统一栽培、统一管理，降低栽培成本，优化栽培管理流程，从而遏制衰退病的发生和扩散。

（2）药剂防治：在每次新梢抽发期、幼果期和蚜虫发生初期喷药保护，特别注意晚秋梢期也得防治。田间病树确诊后应及早挖除，不留残桩，减缓病害传播速度。挖除病树前注意先将病树及其周围树喷药，杀死媒介昆虫后再进行，避免人为将带毒成虫传播到健康树上。待根系完全死亡腐烂后，清理环境，一般间隔1年以上，最好先种植1年短期作物后再补种蜜柚新苗木。

萎缩病

症状描述：病株引起春梢新芽黄化，着色不均匀，幼叶变小皱缩，叶片两侧明显向叶背面反卷成船形或匙形，全株矮化，枝叶丛生。严重时开花多结果少，果实小而畸形，蒂部果皮变厚。

蜜柚春梢萎缩病

蜜柚春梢萎缩病

病原：温州蜜柑萎缩病毒（*Satsuma dwarf virus*，SDV）。

发病规律：主要通过嫁接和汁液传播，远距离主要通过带病的接穗和苗木的运输传播。该病适宜的温度为18～25℃，气温超过30℃一般不表现症状，因此高温对该病有抑制作用。发病10年以上的植株表现明显矮化，产量降低或无收成。

防控措施：农业防治：①从无病的母本树上采穗。将带毒母树置于白天40℃，夜间30℃（各12小时）的高温环境热处理45天后采穗嫁接，或用上述温度热处理7天后取其嫩芽作茎尖嫁接可脱除该病毒。②及时挖除病株，消灭发病中心，并加强肥水管理，增强植株抗病力。③发病蜜柚园更新时进行深耕。

4.线虫病害

半穿刺线虫病

症状描述：半穿刺线虫的雌虫专性、半内寄生于蜜柚的营养根。对营养根轻度为害时，只在根表皮产生伤痕；被严重侵染的营养根变短变粗，植株表现为抗逆能力低下，不耐干旱，吸收土壤中营养的能力减退。雌虫将卵产于由排泄孔分泌的胶质混合物中，土壤颗粒黏附在胶质混合物中，导致根表面显得粗大且肮脏。受侵染的营养根有大的伤口，较容易受土壤中一些病原菌的侵染引起二次侵染，致使根表皮腐烂毁坏，皮层剥落，最后死亡。植株地上部分生长不良，叶片大面积黄化。早期叶片多从叶脉处开始褪绿变小，失去光泽，而后往四周扩展，植株开花减少、坐果稀疏并出现畸形果，后期叶片出现大面积黄化。患病严重的植株叶片大量脱落，落花落果严重，生长停滞，逐渐衰退，产量降低，果实品质下降，直到失去经济价值，植株不会立即枯死。

解剖镜下受半穿刺线虫为害的蜜柚根系

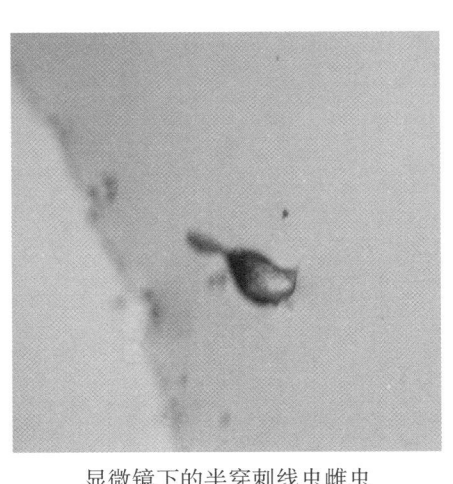

显微镜下的半穿刺线虫雌虫

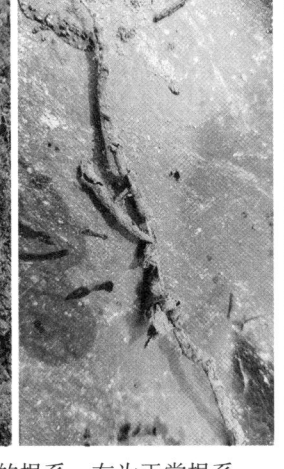

左为受半穿刺线虫为害的根系，右为正常根系

受半穿刺线虫为害的幼树生长不良

病原：柑橘半穿刺线虫（*Tylenchulus semipenetrans* Cobb）。

发病规律：柑橘半穿刺线虫的侵染虫态是二龄幼虫，主要从新根的伸长区侵入寄主，其次是分生区，极少从根毛区侵入。一般一个侵染点只有一条线虫，也可见2～4条线虫在同一侵染点出现。二龄幼虫前半部分侵入根部皮层组织，形成固定的取食点，线虫头部处在由单个细胞形成的空腔内，可以向各个方向自由活动，后端留在根外。通过解剖受害根系可以发现，侵染点周围细胞由浅褐色变为褐色，最终坏死。蜜柚的树龄、生长状况、土壤中线虫密度、线虫侵袭性、土壤性质和其他环境因素都可以影响线虫的侵染程度。

防控措施：

（1）农业防治：蜜柚园在种植柚树前，与1年生农作物实行轮作1至3年，或休耕4个月至1年，或通过直接翻土暴晒、物理干扰等，可加速柑橘半穿刺线虫死亡，从而降低种群数量。

（2）物理防治：病苗处理可用47～48 ℃热水浸根15分钟，热水处理要严格掌握水温和时间，才有防治效果，且能刺激苗木生长。

（3）药剂防治：2.5亿个孢子/克厚孢轮枝菌微粒剂和24.5%阿维菌素乳油对半穿刺线虫有较好的防治效果，且对蜜柚生长无不良影响，可作为半穿刺线虫的防治药剂在蜜柚生产上推广应用。必须在发新根前施药，才能产生明显效果。施用方法是在树冠下挖松表土5～10厘米，均匀施药后，盖一层土。一般对发病蜜柚园春季施药最好，对发病严重的蜜柚园还应在柚树第二次抽发新根时再施一次药。施药前结合挖除病根，减少线虫基数，提高防治效果。

根结线虫病

症状描述：受根结线虫为害的病树表现为叶片褪绿，全株黄化，抽梢少且短小，叶片变小、黄化无光泽，花多、果少，果实容易掉落，最终树势衰退。根结线虫在根系的皮与中柱之间寄生，使中柱膨大，细根组织形成巨型细胞，侵染根部肿大形成根结。根结可以连续大量形成，交错扭曲成根团，根系畸形，新根根少，影响养分和水分的吸收及运转，消耗树体根部营养，后期根结崩解腐烂，导致烂根和根系萎缩。

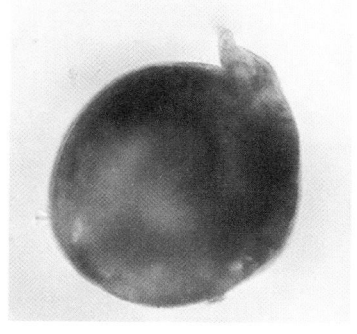
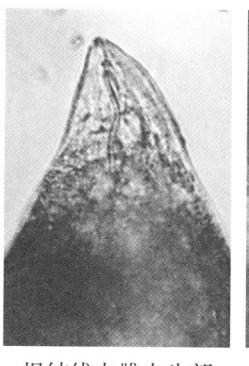
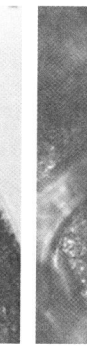
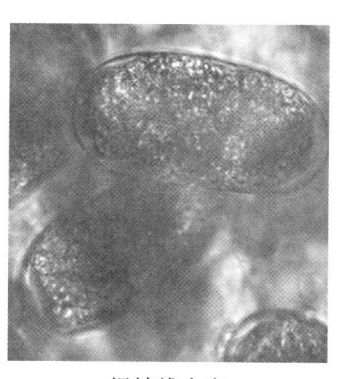

| 根结线虫雌虫 | 根结线虫雌虫头部 | 根结线虫卵 |

根结线虫为害状

病原：柑橘根结线虫（*Meloidogyne citri* Zhang & Gao & Weng）。根结线虫雌雄异体。雌虫梨形，乳白色至黄褐色；雄虫体线形，细长。二龄幼虫为蠕虫状，细长；卵无色透明，椭圆形至肾脏形。

发病规律：根结线虫以卵和雌虫随病根在蜜柚园土壤里越冬，进入下一年春季，当气温回升至20～28℃，适合根结线虫发育生长时，卵孵化为幼虫，即开始侵害蜜柚的新根或嫩根，约15～20天，新根或嫩根末端出现肿大，进而变成瘤状体。幼虫在根瘤内生长发育，经过3次蜕皮发育为成虫。雌雄成虫成熟后交尾产卵，卵囊聚集在雌虫后端的胶质中。根结线虫多分布在10 ～ 30厘米的土层中，耐低温。因此，田间农事操作、土壤移动、水流和根系相互接触均可近距离传播，远距离传播主要通过苗木和土壤的调运。

防控措施：

（1）严格检疫：新种植区引进苗木时，一定要防止外来携带根结线虫病苗木的引进。因此，必须做好产地检疫，杜绝根结线虫初次侵染源的带入。可将引进苗木根系浸入48℃温水中15分钟，取出后立即放入冷水中浸10分钟，可杀死根结线虫。凡是新栽柚树的蜜柚园或新做苗床的土壤，必须进行严格的消毒杀虫，或者深翻土壤，抓住夏秋季高温期晒垡，以杀死土壤中的根结线虫。

（2）农业防治：加强蜜柚园管理，增施优质有机肥，合理灌溉，科学修剪，增强树势，提高树体抗病力，并结合修剪，保持蜜柚园卫生。

（3）药剂防治：对感病的蜜柚园进行药剂处理。可用41.7%氟吡菌酰胺悬浮剂（路富达）灌根处理，每株施0.024 ～ 0.030毫升。第1次施药选择在春梢萌发期至第1次新根生长期，能有效杀死越冬后转为侵害春季新生根的线虫，第2次施药选择在第2次新根生长前，能使秋梢抽发整齐，为下一年丰收打下基础。施药前扒开树冠下的表土，并用锄头去掉表层受害的根结，然后按每株施0.024 ～ 0.030毫升用量灌根。也可用生防制剂每克10亿孢子的淡紫拟青霉菌肥防治，每亩用3 ～ 5千克拌细土撒施树盘，然后覆土灌水，以浇透树盘5 ～ 10厘米土壤为宜。

5.寄生性植物和藻类

附生绿球藻

症状描述：绿球藻附生时易产生一层厚厚的粉状物，呈草绿色，故称绿球藻。发病初期，叶片、枝干或果实上出现黄色小点，后逐渐向四周扩展，形成不规则的斑块并相互联合在一起，使柚树的中下部叶片正面、少数叶片背面、树干、枝条附着一层草绿色的粉状物，严重时可蔓延至树体上部叶片，覆盖整个叶片。由于被藻类覆盖，叶片进行光合作用受阻，影响树势，导致树冠下部枝梢开花结果减少，严重影响产量，果实表面也会被藻类附生，果实品质变差。

附生绿球藻新生长及老化后混合生长的症状

附生绿球藻新生长的症状

附生绿球藻老化后的症状

附生绿球藻寄生在枝干上

潜叶蛾为害叶片后被附生绿球藻寄生

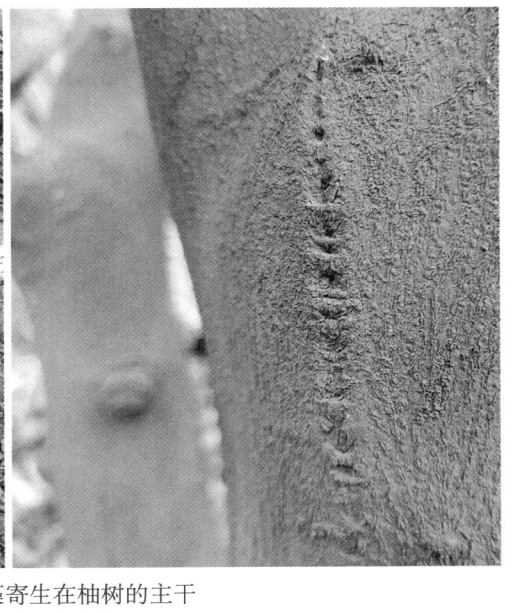

附生绿球藻寄生在柚树的主干

病原：由虚幻球藻（*Apatococcus lobatus*）引起，属绿藻门（Chlorophyta），胶毛属科（Chaetophoraceae），虚幻球藻属（*Apatococcus*）。

发病规律：全年均可发生，以多阴雨、潮湿、温暖的季节发病严重。蜜柚园管理粗放，种植密度大，偏施氮肥，造成树冠交叉密集郁闭的蜜柚园，湿度大，通风透光条件差，是附生绿球藻易发生的条件，绿球藻可随风飘散，蜜柚园中一旦发生则逐渐扩散蔓延。

防控措施：

（1）农业防治：加强栽培管理，增施有机肥，根据蜜柚园肥力状况实施测土配方施肥，老叶期要减少叶面喷肥等；做好开沟排水工作，合理修剪，增加蜜柚园通风透光，降低蜜柚园和树冠内的湿度；树干涂白，可以减轻附生绿球藻的发生，对树脂病也有很好的防治作用。

（2）药剂防治：在采果后或冬季清园期，选用80%乙蒜素乳油1 000～1 200倍液、80%乙蒜素乳油1 500倍液＋99%绿颖矿物油1 000倍液、50%代森铵水溶液250倍液等，均匀喷雾于被附生绿球藻寄生的枝干和病叶上，也可在叶片表面有水时撒施石灰粉。

6.地衣、苔藓

症状描述：地衣、苔藓可为害蜜柚全株，导致树势逐渐衰弱，产量下降，严重时枝条枯死。地衣是由真菌、藻类长期紧密结合在一起的复合体。蜜柚园里发生的地衣多为枝状地衣，其次是壳状地衣。枝状地衣，其营养体为枝状，着生在树干、枝条上，淡绿色，有分枝，直立或下垂。壳状地衣，其营养体形态不一，体扁平，灰绿色或灰白色，紧附在枝干上，难以分离，有的附生在叶片上，形成大小不一的斑点，有的斑点中间较突，似一蚧壳虫。

蜜柚主干上的枝状地衣   蜜柚树头环割处的枝状地衣

蜜柚叶片上的壳状地衣   蜜柚枝干上的壳状地衣

苔藓为最低级的高等植物，以假根附于枝干上吸收寄主体内的水分和养分，缠绕生长在果树枝干上，受害果树如被束缚一样，影响树势，增加湿度，有利于其他病虫害滋生。苔的外形呈黄绿色青苔状，藓的外形为簇生的毛发状或丝状体，无真正的根、茎、叶，由单细胞或多细胞构成丝状体，绿色，可营光合作用。

蜜柚树头环割处的苔藓 　　　　　　　蜜柚树头环割处的苔藓与壳状地衣

蜜柚枝干上的苔藓与壳状地衣

病因：地衣是一类能与藻或蓝细菌共生的专化型真菌，或称地衣型真菌，其中98%是子囊菌，即地衣型与非地衣型子囊菌，普遍发生的病原为睫毛梅衣（*Parmelia cetrata* Ach.）。苔藓具绿色的假茎、假叶，能够进行光合作用，多用假根附着在枝干上吸收水分，其繁殖体是配子体，配子体可产生孢子。南方主要病原有悬藓（*Barbella pendula* Fleis.）和中华木衣藓（*Drummondia sinesis* C. Muell）。

发病规律：早春气温升至10℃以上时，地衣、苔藓开始生长，产生的孢子经风雨传播蔓延，春末和初夏发生最为严重，苔藓在夏季高温炎热时生长较慢，秋季气温下降后继续生长，冬季气温较低时逐渐停止生长。此外，种植的环境条件和蜜柚园管理水平与其发生程度有密切联系。栽培管理粗放、树龄大且通风透光不良、湿度大、杂草丛生的蜜柚园发生严重。

防控措施：

（1）农业防治：加强蜜柚园管理，及时清除杂草，适度修剪使柚园通风透光，尤其是老龄树柚园；雨天及时开沟排水，降低蜜柚园湿度，防止湿气滞留；平衡施肥，增强树势。

（2）药剂防治：发生初期，及时用竹片或小刀刮除，并用45%晶体石硫合剂50～100倍液或1∶1∶100（硫酸铜∶生石灰∶清水）波尔多液涂抹，连续两次。也可用10%～15%石灰乳或草木灰浸出液煮沸后的浓缩液进行涂抹。还可用1%～1.5%硫酸亚铁溶液或80%乙蒜素乳油1 500倍液＋矿物油助剂500倍液或20%噻森铜悬浮剂600倍液喷雾。

藻斑病

症状描述：附生在蜜柚较粗的枝条和主枝干上，病斑呈红锈色，圆圈状或形状不规则，大小不一，可相连，短绒毛。圈状斑的中央呈灰色，外围增厚变黑，继而裂成很多小块。严重时，枝条生长受到抑制，树体衰弱，严重的甚至叶片脱落。

病因：由低等藻类寄生引起，病原菌为寄生性红锈藻（*Cephaleuros viressens* Kunge），属绿藻门（Chlorophycophyta），头饱藻属（*Cephaleuros*）。

发病规律：种植密度大的蜜柚园通风透气差，湿度大、树冠交叉较为郁闭及受冻害的蜜柚园易发生。

蜜柚主干上的藻斑病　　　　　　　　蜜柚主干上的藻斑病

防控措施：

（1）农业防治：加强栽培管理，合理密植，科学修剪，防止蜜柚园湿度过大，使蜜柚园通风透光；树干和大枝在秋季涂白，防止因冬季低温冻伤；加强树冠管理，减少夏季烈日直接曝晒树干和枝条，避免造成皮部伤口。

（2）药剂防治：结合冬季清园或防治其他病害时一起用药，以铜制剂为主，也可选择其他种类的杀菌剂，如80%乙蒜素乳油1 500倍液＋有机硅助剂。

桑寄生

症状描述：桑寄生为常见的一种寄生性植物，主要为害枝条，以吸器盘在柚树的大枝条上寄生，依靠吸取树体的养分、水分来生长，导致枝条衰弱，严重时枝条枯死，植株衰退，甚至死亡。调查发现山区蜜柚园发生较多，水田蜜柚园发生较少。桑寄生为寄生性小灌木，常年绿色，老枝无毛，有突起灰黄色皮孔，小枝有暗灰色的短毛。其叶片互生或近对生，长卵形，先端圆钝，长3～7厘米，宽2～5厘米，叶柄长1～1.5厘米，幼叶被毛，略带淡红色。

蜜柚树上的桑寄生（叶片互生或近对生）

蜜柚树上的桑寄生及其吸盘

蜜柚树上的桑寄生（幼叶被毛，略带淡红色）

桑寄生及其吸盘（放大）

病因：柚子桑寄生 [*Loranthus parasiticus* (Linn.) Merr]。

发病规律：桑寄生主要是通过鸟类取食桑寄生的果实后排泄出携带种子的粪便，粪便黏附在枝杆上，萌发形成新株。也可人为扩散传播或果实脱落在原寄主植物的枝丫、枝条的凹陷处，在条件适合时萌发长出胚根和胚芽，胚根形成吸盘并长出吸根，吸根穿过寄主的皮层，侵入木质部，其导管与寄主的导管相连，以吸收寄主的水分和营养物质，长成枝叶。根部长出许多不定枝，呈丛生状。茎的基部长出匍匐根，产生新的吸盘再侵入寄主，长成新的枝叶，重复蔓生，延续不断。

防控措施：在蜜柚园进行农事操作时，若发现蜜柚树上的桑寄生，应及时将被害的蜜柚枝条连同寄生植株一并剪除。剪除时间应在桑寄生开花结果之前，以免种子掉落或鸟类取食后再继续为害。

7.藤蔓植物

杠板归

症状描述：杠板归（*Polygonum perfoliatum* L.）为蔓生植物，又称贯叶蓼、犁头刺、蛇倒退等，为蓼科蓼属一年生蔓生草本植物。大量的藤蔓常将依附的植物包裹起来，严重影响其光合作用和长势，甚至使部分植物死亡。

杠板归幼苗上、下胚轴都很发达，粉红色。子叶阔椭圆形，长1.7厘米，宽1厘米，先端钝圆，叶基渐窄，有1条明显中脉，有长柄。初生叶三角形，先端锐尖，叶基箭形或近心形，有长柄。托叶鞘近圆形，穿茎，粉红色。后生叶呈盾状，叶柄有倒钩刺。成株茎常为红褐色，有棱，沿棱长有倒生钩刺。叶片近三角形，盾状着生，长4～6厘米，背面淡绿色沿叶脉疏生钩刺。花和子实花序短穗状，长1～3厘米，顶生或生于上部叶腋内。苞片圆形，内含2～4朵花。花淡红色或白色。雄蕊8枚，花柱3裂。瘦果近球形，成熟时呈黑色，直径约2.3毫米，有光泽，包于蓝色肉质的花被内。

杠板归遮挡蜜柚

杠板归缠绕蜜柚阻碍生长

杠板归遮挡蜜柚进行光合作用

杠板归缠绕蜜柚生长

杠板归及其种子

发生原因：杠板归发生主要以种子传播，在雨量丰富、温暖湿润的7—8月生长迅速，其为一年生草本植物，借助茎上的倒钩刺攀援，并以覆盖形式为害其他植物。种子在深层土壤中能存活数年之久。管理粗放、疏于清除恶性杂草及施用未充分发酵的有机肥的蜜柚园，发生严重。近几年未充分发酵的有机肥里携带杠板归种子经果农施用后在蜜柚园广泛传播。

防控措施：

（1）农业防治：施用充分发酵的优质有机肥，防止携带种子传播。目前防治杠板归最有效的方法是在幼苗期进行人工拔除，拔除时应注意收集植株和地上散落的种子并妥善处理，以防止次年萌发。

（2）药剂防治：必要时可在杂草旺长期使用除草剂如43%泰草达水剂150～180倍液、氯氟吡氧乙酸异辛酯300～600倍液进行茎叶喷施。也可选择其他种类的除草剂。

圆叶牵牛

症状描述：圆叶牵牛（*Pharbitis purpurea* (L.) Voigt），属旋花科番薯属藤本植物，茎长2～3米。在蜜柚园里生长迅速，攀爬蜜柚树，使蜜柚树不能进行正常的光合作用，最后导致树体衰弱。

圆叶牵牛缠绕蜜柚主干攀爬至枝梢　　　　圆叶牵牛在蜜柚园迅速生长

发生原因：圆叶牵牛主要以种子在蜜柚园内靠风雨或人为传播，花期在5—10月，果期在8—11月。以缠绕和覆盖的形式为害柚树，其结实量大，易繁殖，生长速度快，适应性强，短时间内即可铺满蜜柚园形成优势种群，并沿柚树枝干攀援而上，严重时可覆盖全树，挤占空间和遮挡阳光，同时竞争柚树营养，使柚树无法获得充足养分供给和生长空间，最后树势衰弱，严重的甚至死亡。近几年未充分发酵的有机肥里携带圆叶牵牛种子经果农施用后在蜜柚园广泛传播。

防控措施：

（1）农业防治：施用充分发酵的有机肥防止携带圆叶牵牛种子，结合栽培管理，在圆叶牵牛种子萌发期前进行中耕除草。在春末夏初检查蜜柚园时，一旦发现圆叶牵牛幼苗，应及时拔除烧毁。每年5—10月，常巡视蜜柚园，或结合修剪，剪除有圆叶牵牛缠绕的藤蔓，或将藤茎拔除干净。

（2）药剂防治：一般于5—10月在田间发现圆叶牵牛还未爬上树体时使用除草剂喷雾防治。

山苦瓜

症状描述：山苦瓜（*Momordica charantia* Linn. var *abbreviata* Seringe），为葫芦科山苦瓜属多年生宿根草本藤蔓植物。根肥大，长椭圆形或菱形，有纵纹，黄白色，数条簇生于根茎基部。茎长2～5米，有细浅叶互生，掌状。在田间以缠绕方式为害蜜柚果树，其以藤蔓顺蜜柚植株攀援而上，并持续生长，逐步覆盖蜜柚植株。山苦瓜生长速度快，抢占蜜柚园空间和遮挡阳光，使蜜柚无法正常进行光合作用，致使柚树养分供给不足，树势衰弱，甚至死亡。

山苦瓜在蜜柚枝条间迅速生长

山苦瓜缠绕蜜柚植株

发生原因：山苦瓜在蜜柚园常年均可发生，以5—10月最多，以种子靠风雨或人为传播。近几年未充分发酵的有机肥携带山苦瓜种子经果农施用后在蜜柚园广泛传播，特别在一些山地蜜柚园发生非常严重。

防控措施：参考圆叶牵牛的防控措施。

8.缺素症

缺氮

症状描述：植株新梢抽发少且叶片小，细长而呈薄黄，淡绿色至黄白色。老叶不同程度发黄，最后全部黄化，引起树势衰弱，叶龄短，易早落。花芽分化少，不易坐果，且落花落果多。缺氮严重时，新梢叶片全叶均匀发黄，树体矮小，甚至枝梢枯死，树冠光秃。缺氮树产量低，大小年明显，结果少，果实小，果皮淡黄且光滑，常早熟，果实含糖量低，酸度高。

发生原因：少施氮肥或不施氮肥，土壤中速效氮含量低；一些蜜柚园土壤为沙壤土，保肥蓄水能力差，特别是在降水量大的夏季，沙壤土中氮素因大量流失未及时补充而缺乏；干旱、积水也会影响植物对氮素的吸收；蜜柚漫山遍植，由于根系分布受到限制，吸收不均匀，会导致局部缺氮；此外，

蜜柚幼树缺氮

施用钾元素过量，或酸性土壤一次施用石灰量过多，也会影响氮素的吸收。

预防与矫正：①根据柚树的树龄、长势、挂果量及蜜柚园土壤的基础肥力状况，确定合理的氮肥施用量、施用时期及施用方法。可选用沟施、穴施或雨天追施，也可叶面喷施。注意切勿过量施用导致树势过旺、徒长，否则会引起缺钾和缺钙的发生。②蜜柚园土壤若为沙壤土或黏质土，可增施经充分发酵的有机质肥进行土壤改良，提高根系的穿透及吸收能力，促进植株健壮。施用有机质肥料时，应避免加入氮素化肥，以防烂根。对于土壤贫瘠的蜜柚园，应先进行土壤改良，再施用优质有机肥深翻改土。③雨天注意开沟排水，避免积水影响根系对氮素吸收。④对于缺氮的植株，除了及时通过土壤补充速效性氮肥外，还可在叶面喷施0.3%～0.5%尿素溶液，每隔7～10天喷施一次。

缺钾

症状描述：蜜柚缺钾典型的症状是叶尖黄化，在老叶的叶尖及上部叶片叶缘处最先出现黄化，黄化区会因继续缺钾而扩大，叶片逐渐变为黄褐色至褐色焦枯，叶片卷缩、畸形，新梢纤细短弱。缺钾严重时，柚树开花期大量落叶，枝梢枯死，果实小且皮薄光滑，汁多味淡，易出现腐烂落果和裂果。缺钾还会导致植株抗旱、抗寒和抗病性降低。

蜜柚成年树缺钾 蜜柚幼树缺钾

发生原因：土壤中钾含量低，沙质土、冲积土和红壤土易造成钾随地表水流失；蜜柚园排水不良导致积水或过于干旱，根际吸收钾受阻引起缺钾；受土壤酸碱度高低的影响以及过量施用氮、钙或镁，造成元素之间相互颉颃，使钾的有效性降低；结果树采果后，果实带走了部分钾，未及时补充钾肥。

预防与矫正：①根据蜜柚树对各种矿物质营养元素的需求量，进行测土配方施肥，减少因氮、磷、钙、镁等肥料施用过多造成缺钾的情况。每年在谢花后至9月前少量多次往土壤中施用硫酸钾或草木灰，可有效地补充钾元素。②土壤为沙质土、冲积土和红壤土的蜜柚园可增施优质有机肥。根据蜜柚园土壤状况，进行深翻绿肥和施用饼肥、厩肥等多种优质有机肥，可减少钾流失。或在蜜柚园中种植含钾元素高的绿肥如日本草、耳草、金光菊等。③避开幼嫩枝梢期进行叶面喷雾，可使用磷酸二氢钾600 ~ 1 000倍液，0.3% ~ 0.4%的硝酸钾、硫酸钾溶液等，以补充钾元素。

缺钙

症状描述：蜜柚植株缺钙多发生在春梢上，表现为新梢组织受阻，顶芽生长停滞，叶片呈黄色或黄白色，继而主脉和侧脉黄化，叶面大块黄化，会产生枯斑，病叶明显比正常叶窄，畸形，提前脱落，出现秃枝或枯梢。开花多，幼果易脱落。成熟果实常畸形，皮厚，淡绿色，汁胞皱缩，味酸，易裂果。

春梢缺钙

叶片缺钙

果实缺钙

发生原因：蜜柚园中大量使用酸性化肥，使土壤呈酸性导致含钙量低，易发生缺钙。在温暖多雨地区，易发生代换性盐基钙离子流失，常会发生缺钙。在少雨干旱的年份，因土壤水分不足，土壤中的钙向根际迁移吸收受阻，土壤中虽有一定量的钙，也会发生暂时性缺钙。过量施用硫酸铵、硝酸铵易诱发钙流失。此外，碱性土壤也会导致土壤钙有效性降低。

预防与矫正：①测量土壤的酸碱度。若pH在4.5以下时，易表现缺钙症状，应及时将pH调节至6～6.5。对于酸性土壤蜜柚园每年应计划施用石灰粉，施用量因树龄而定，每亩50～100千克，于9月蜜柚园松土时进行全园撒施，施后松土，将杂草与石灰翻入土中。对于幼树则在树冠周围撒施并结合松土，也可与有机质肥料混合沟施。②增施优质有机肥料，改善土壤理化性质，提高土壤保肥蓄水能力。遇到干旱期，应及时补给土壤水分。③叶片钙缺乏，可向叶面喷雾0.3%～0.5%硝酸钙溶液或0.3%磷酸二氢钙溶液。一般在新叶期喷雾数次。

缺镁

症状描述：蜜柚缺镁主要发生在结果树的老叶上，表现为叶片发黄、脱落。结果母枝中下部叶片沿中脉两侧出现不规则的黄色斑块，然后黄色斑块向两侧叶缘扩展，致使叶片大部分黄化，仅存中脉及其基部的叶组织部分呈"V"字形的绿色。缺镁严重时，叶片全部黄化，最后变褐色至坏死，容易脱落。落叶的枝条生长衰弱，常在翌年春天枯死。果实不能成熟且早落，结果大小年明显。

发生原因：土壤中镁含量低或钾肥施用过多，因钾的颉颃作用影响了镁的吸收；偏施铵态氮肥可诱发缺镁的症状，施用过多的酸性肥料、酸性土壤及沙壤土容易导致土壤镁的流失，土壤镁的有效性低，不易被吸收。山坡地蜜柚园土壤中的镁易受雨水和灌溉的影响而流失。

预防与矫正：①增施优质有机肥，矫正土壤酸碱度，改善土壤的通透性。采用测土配方施肥，对于酸性土壤施钙镁肥，每株0.5～1千克。在微酸性至碱性土壤地区，施用硫酸镁或氧化镁。在冬季施有机肥料时，将镁肥混在有机肥中施用，根据树龄大小，每株施用混合硫酸镁15～35克。在酸性土壤中还要适当施用石灰。②挂果期对叶面每隔7～10天喷施0.1%硝酸镁或0.25%硫酸镁溶液，连喷2～3次。

叶片缺镁

叶片缺镁（正面）　　　　　　叶片缺镁（背面）

缺锌

症状描述：缺锌比较常见，主要发生在新梢叶片上，严重时新梢直立、窄小，节间缩短，枝叶丛生，呈"辣椒叶"。随着新叶老熟，叶肉呈黄色或黄绿色，仅主侧脉附近为绿色，形成肋骨状的黄色斑块。有的叶片则在主侧脉间出现黄色或淡黄色斑点，称为"花叶病"。冬季落叶严重，小枝枯死。果实明显变小，皮薄，表面光滑，果肉易木栓化，汁少味淡。缺锌严重时引起树势衰弱、产量低，且与黄龙病的花叶症状极为相似，易混淆。

发生原因：土壤中锌的含量低，土壤碱性（或石灰性），磷含量过高（过量施用磷肥），有效锌含量偏低，土壤湿度高，钙、氮、钾、锰和铜过量，以及其他元素的不平衡等多种因素，都会导致缺锌。老蜜柚园因长期忽视锌肥的补充，导致土壤含锌量低而缺锌，土壤有机质含量低也易缺锌。另外，每年果实采收亦可带走一定数量的锌。

预防与矫正：①增施优质有机肥，提高土壤的缓冲性，采果后至冬季施有机质肥料时可加入硫酸锌，加入量因树龄大小而定，通常每株15～20克，同时对土壤进行酸碱调节，提高土壤锌的有效性。②合理控制磷肥的施用量，避免

转绿后的叶片缺锌

磷肥过分集中，最好与有机肥混合施用。③在春梢生长前喷洒0.4%～0.5%硫酸锌溶液，或在春梢停止生长后喷洒0.1%～0.2%硫酸锌溶液2～3次（加等量石灰中和酸度）。对于微酸性土壤，施用少量硫酸锌也可获得良好的效果，此法对碱性土壤施用效果差。也可在预防病害（炭疽病、黑斑病）时选用一些含锌的药剂，如70%丙森锌（安泰生）可湿性粉剂600～800倍液，既能防病又能补锌。

缺硼

症状描述：缺硼在蜜柚产区十分普遍，症状主要出现在叶片和果实上。嫩叶缺硼出现水渍状黄色斑点，叶片畸形、发黄、反卷，随着叶片成熟，叶片变为黄白色透明状，叶脉增粗、破裂、木栓化；老叶上表现为叶脉肿大，主、侧脉木栓化，叶肉暗褐色，叶片无光泽，卷曲，严重时会破裂易脱落；幼果缺硼表现为果皮厚而硬，最初出现灰白色斑，稍突起，后渐变黑褐色，易脱落，果实白皮层和中心柱有褐色斑和胶状物；成熟果实缺硼表现为果皮粗糙，畸形，果肉干瘪、含糖量低、淡而无味，种子发育不良。当缺硼严重时，树顶端生长受抑制，呈现枯枝落叶、秃顶。

叶片缺硼

叶片严重缺硼

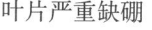

发生原因：土壤水溶性硼含量低，或在沙性土壤中，硼被酸性淋溶，易流失；一些蜜柚园管理不善，长期单一施用化学肥料，土壤板结，酸化，植株吸收硼肥能力差，易缺硼；施用磷肥含量较高的蜜柚园，土壤中高浓度的磷酸盐使硼的吸收减少，也会引起缺硼。高温干旱季节和降雨多的季节，土壤中的硼易被固定，也会降低根系对硼的吸收能力，特别是多雨季节过后接着干旱，常会引起突然缺硼。此外，土壤偏酸或偏碱，易造成水溶性硼的流失或被固定，蜜柚园土壤有机质少，导致土壤结构差，供硼能力差。

预防与矫正：①在冬季施用过冬肥时将硼肥混合至有机肥中，在树冠滴水线下挖沟或穴施，以成年树一年产100千克蜜柚计算施肥量，每株施用有机肥10 ～ 20千克＋钙镁磷肥1千克＋硼肥10 ～ 15克。②在保花保果期叶面喷施硼肥。第一次在春梢抽发结束至展叶前叶面喷施硼肥1 000 ～ 1 500倍液，可达到壮花效果；第二次在谢花70%时叶面喷施硼肥1 000 ～ 1 500倍液，可提高授粉质量，提高坐果率。硼肥可结合其他保花保果的药剂一同喷雾，节省用工成本。③避免过多使用氮磷钙肥，特别是有机质含量低的土壤，可适当施用钙肥，降低土壤酸性对蜜柚吸收硼有利。④增施有机肥，提高土壤的有机质含量，增加土壤通透性，提高植株对硼的吸收能力。另外，蜜柚园实行生草栽培也有利于改善土壤通透性。

缺锰

症状识别：蜜柚缺锰的症状与缺锌的症状相似，叶片中脉和侧脉及其附近组织为绿色，其余部分为黄绿色，有时也呈肋骨状，幼叶和老叶均表现花叶症状。缺锰叶片的大小与形状基本正常，而缺锌的嫩叶小而狭窄；缺锰叶片黄化部位仍带绿色，缺锌叶片黄化部位为鲜黄色；老叶缺锰时有明显症状，且严重缺锰时，老叶早期易脱落，新梢生长受抑制，有的枯死，而缺锌在老叶上症状不明显。缺锰对果实的大小及品质影响较小。

叶片缺锰

发生原因：酸性和碱性的土壤，尤其是沙质酸性土、石灰性土等，易引起有效态锰的流失，常伴随缺锰和缺锌的症状同时发生。土壤干旱造成有效态锰缺乏。土壤pH超过6.5，使土壤中各种锰的化合物很难溶解不易被果树吸收。

预防与矫正：①在新梢抽发及叶片转绿时，喷施80%代森锰锌可湿性粉剂600～800倍液，10天喷1次，连续2～3次，或用0.2%～0.6%硫酸锰＋1%～2%生石灰混合液。②石灰性土壤缺锰，可增施有机质肥并掺入硫黄粉，以中和土壤酸碱度。

缺铁

症状描述：主要发生在幼嫩枝梢上，嫩梢叶片黄化变薄，叶肉淡绿色至黄白色，叶脉绿色脉纹清晰可见，在黄化叶片上呈明显的网纹状叶脉，在小枝顶端的叶片上更为明显。缺铁严重时，除了主脉保持绿色外，其余均黄白化，叶片稀疏，有的叶缘发生焦枯，易脱落；结果少，皮色黄，汁少、味淡。秋梢发病会比春梢重，树冠外围的叶片比内堂严重。

发生原因：碱性土壤特别是石灰性土壤，由于其碱度高，铁的溶解度低；石灰性土壤过湿和通气不良，易出现缺铁症状；土壤中磷、锰、铜、锌等含量高时对铁的吸收有明显的颉颃作用，会影响植株对铁的吸收；砧木品种的差异，如枳作砧木，且又种植在盐碱性土壤、石灰性土壤，或施用石灰过量，更容易出现严重的缺铁症状；雨水多，土壤容易产生大量碳酸根离子，可降低铁的有效性。

叶片缺铁

预防与矫正：①改良土壤和做好农田水利设施建设，对碱性土壤增施经充分发酵的优质有机肥，也可种植绿肥，以改善土壤的通透性，提高土壤中铁的有效性及蜜柚根系对铁的吸收能力。②合理控制磷肥、锌肥、铜肥、锰肥及石灰质肥料的使用量，避免过量施用造成对铁的颉颃。③叶面喷雾或土壤施用螯合铁肥。将螯合铁肥均匀施在树冠表土层，并浇水使其渗入土中，叶面喷雾可用柠檬酸螯合铁肥1 000 ～ 1 500倍液，间隔10 ～ 15天喷一次，连续2 ～ 3次。

缺钼

症状描述：缺钼主要表现在中下部叶片，叶脉间出现水渍状斑点，后逐渐扩大形成圆形或椭圆形橙黄色斑，叶背面斑初为油绿褪色，后变为棕褐色；新叶淡黄色，向内纵卷成筒状。缺钼严重时，抽生新叶变薄，斑点变黄褐色坏死，干燥时破裂穿孔，叶缘枯焦、脱落；果皮上出现带黄晕圈的不规则褐色斑。

叶片缺钼

发生原因：蜜柚园土壤为强酸性时，土壤中钼的有效性降低，因土壤中的钼会与铁、铝结合成钼酸铁和钼酸铝而被固定，不能被蜜柚根系吸收，从而造成缺钼。此外，土壤施用硫酸盐肥过多及磷肥不足时，根系对钼的吸收因受抑制而缺乏。

预防与矫正：①通过对蜜柚园土壤撒施石灰，降低土壤的酸性，可提高土壤中钼的有效性。每亩施用量为50 ～ 100千克，均匀撒施后浅层松土拌匀，也可在施用基肥时混合石灰沟施。②严重缺钼的蜜柚树，可在新芽萌动前或新梢叶片自剪前后喷雾0.01%～0.05%的钼酸铵或钼酸钠溶液1～2次来矫正。

9.自然伤害

日灼病

症状描述：日灼病是果实或叶片受强烈的阳光照射后引起果皮组织的灼伤。未成熟果实受害表现为果顶呈黄褐色或暗浅绿色，随后果实发育停滞。在果实成熟时，受害部位果皮出现暗褐色，果皮生长停滞，表面粗糙，干疤坚硬，果形不正。果实轻伤部位中央木栓化，汁胞受伤，导致汁胞干缩、粒化，果实汁少而味淡，品质低劣。叶片受害，灼伤部位干枯，形成明显的褐色边缘，严重时整叶萎蔫脱落。

发生原因：在高温季节，气候干燥、日照强烈时容易发生日灼病。一般于7月开始出现，8—9月发生最多，特别是西南方向的果实和幼年结果树的顶生果实，因受日照时间长，受害程度最重。西向的坡地蜜柚园或无防护林的暴露蜜柚园发生也较严重。在夏、秋季高温天气喷施石硫合剂也可促发该病的发生。此外，修剪不当，大枝或主干暴露在强光下，以及蜜柚园土壤水分不足，均会加重该病的发生。

蜜柚果实日灼病

蜜柚叶片日灼病

预防方法：

（1）建立蜜柚园时，应在蜜柚园的西南方向建造防护林以减少烈日照射，并适当密植。幼龄结果树在生理落果结束后促进春夏梢抽发，以梢遮果，可减轻日灼程度。对西向的蜜柚园和西南面的果实进行贴面或套袋，能有效防止果实灼伤，降低果面的温度。

（2）高温季节应避免使用石硫合剂、机油乳剂等防治病虫。必须要用时，应降低浓度和减少使用次数，避开高温时段（上午10时后至下午4时前）。对易发生此病的蜜柚园，在高温季节喷洒石灰乳（生石灰0.5千克、水5升，过滤去渣），可减轻受害程度。

（3）蜜柚园进行生草栽培或行间种植高杆绿肥，以调节园内小气候。在高温干旱期保持土壤水分，提高相对湿度，可减少日灼病的发生。在8—9月检查柚园，当发现受害果实时，受害部位用白纸粘贴或涂石灰乳，可使轻度受害的果实恢复正常。

裂果病

症状描述：主要发生在蜜柚果实近成熟期，果实首先在近顶部开裂，随后瓢瓣亦相应破裂，露出汁胞，有的果实横裂或不规则开裂，形似开裂的石榴，最后脱落。裂果的开裂状大致相同，但开裂的部位因品种不同而有差异，有的开裂发生在果腰或近果腰处，有横裂和纵裂，有的在脐部开裂且以纵裂为多。久旱饱灌水后一般在果腰处横裂，裂口深达果肉。

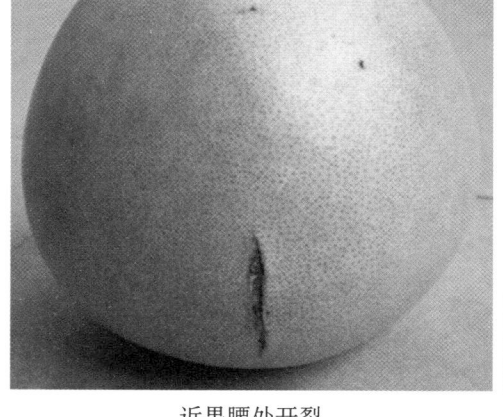

顶部开裂

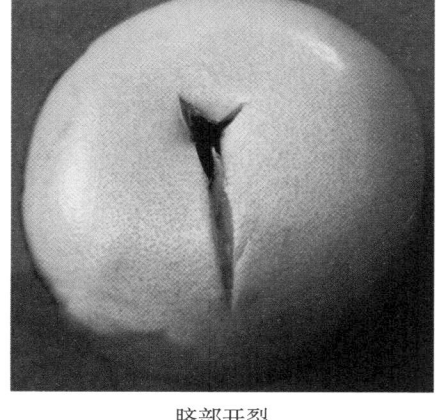

近果腰处开裂   脐部开裂

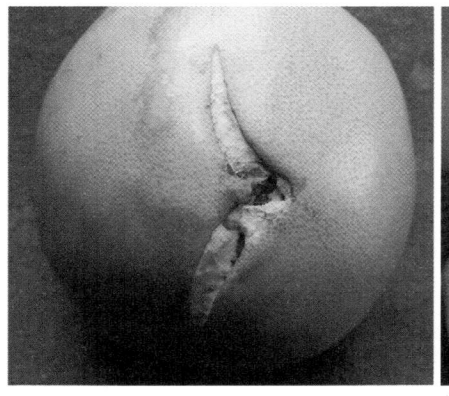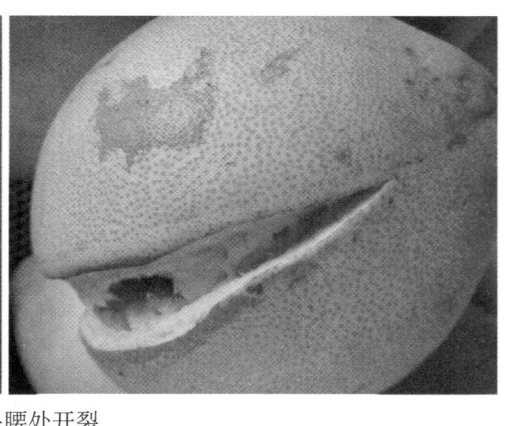

果腰处开裂

发生原因：裂果病主要是由于土壤水分缺少、水分供应不均衡或久旱骤雨引起的。干旱时果皮软而收缩，雨后树体吸收大量水分，果肉生长速度快，而果皮的生长尚未完全恢复，生长速度比果肉慢，导致果皮受果肉汁胞迅速增大的压力影响而裂开。

该病主要发生在壮果期久旱骤雨之后。一般出现在7—9月，10—11月也时有发生。早熟、薄皮品种易裂果，果顶部果皮较薄的品种裂果多。裂果与树龄亦有一定的关系，幼年结果树裂果较老龄树重。此外，壮果肥施用不足，6月中下旬以后追肥极易引起裂果，施肥时间越迟，裂果越严重。

预防方法：

（1）选择优良品种。可选择中果型蜜柚品种，该品种具有果型美观、产量高、裂果率低、品质优良、市场畅销等优点。在新建蜜柚园选用中果型品种的一年生优良嫁接苗种植。裂果率高的蜜柚园，可采用高接换种进行品种改良。

（2）加强栽培管理。平衡施肥，5月下旬前应施足壮果肥，冬季进行蜜柚园深耕改土，以施用优质有机肥为主，提高土壤保肥蓄水能力，促进根群生长的密度、广度和深度，增强树体抗逆能力，减少裂果发生。

（3）果实进入细胞分裂膨大期，树体不仅需要充足的养分，也需要充足的水分，才能保证果实的正常生长发育。在5—8月份，遇上干旱天气，应及时进行人工浇水，以促进果实早期生长发育，防止裂果，提高产量。此外，树冠地面覆盖杂草绿肥，可减少土壤水分蒸发；也可进行蜜柚园自然生草栽培（利用蜜柚园自然杂草的生草途径，生长季节任良性杂草生长，人工铲除或控制不符合生草条件的恶性杂草，如灰菜、白茅等高大草类），改善和调节土壤含水量。

油斑病

症状描述：油斑病又称干巴病、熟印病。该病仅发生在成熟或近成熟的蜜柚果实上。染病后的果实表面会产生大小不一、形状不规则的病斑，病斑颜色为淡黄白色，有些中间淡黄白色，外围淡土黄色，一般直径为2～3厘米，有些果实病斑还可扩大到果面一半以上。初期病斑内的油胞显著突出，且油胞间的组织向下凹陷，后期病斑油胞萎缩，斑块变为黄褐色。病斑干枯后易受空气中的青霉、绿霉等霉菌的侵染而导致果实腐烂，但油胞本身不会引起果实腐烂。

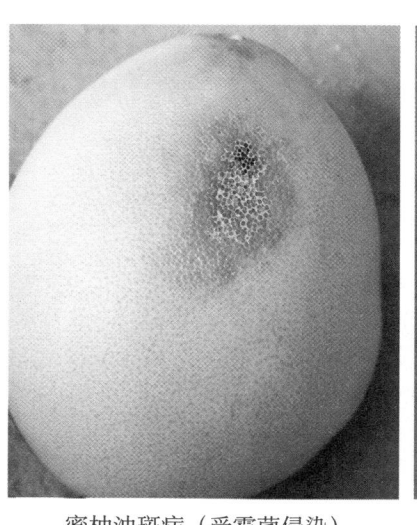
蜜柚油斑病（受霉菌侵染）

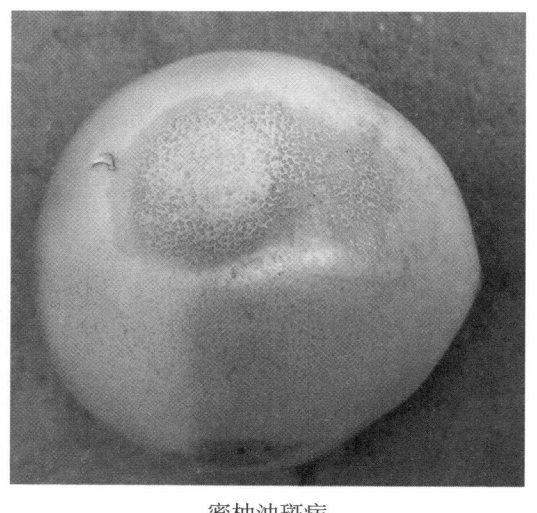
蜜柚油斑病

发病原因：该病主要是由于果实生长后期使用农药的浓度不当而引发，如松脂合剂、石硫合剂等。或由于在果实采收及运输的过程中人为造成的机械伤，如刺伤、碰伤等引发，台风、大雨天气造成风伤也会引起该病发生。此外，采收后的蜜柚在防腐保鲜时使用2,4-D浓度过高，贮藏库中温湿度不适宜，或果皮结构细密脆嫩的品种也容易发生油斑病。

预防方法：

（1）果实成熟期套袋前施药应注意药液浓度的合理配制，进行"二次稀释"，不可随意加大或减小药剂的使用浓度，特别是施用一些强酸或强碱类的药剂。

（2）选择晴天采收果实，避免在雨天及露水未干时采果。采果时避免树枝刺破果面，若需留果蒂，用采果剪以"一果两剪"的采果法剪平果柄。采摘时轻拿轻放，果篓内部应光滑，用袋子装果时应避免碰到地上的石头。

（3）采果后应预贮存2～3天再进行包装、装箱、调运，运输过程中要避免果皮受损，遇到受损的果实及时剔除，同时，用于保鲜的洗果液中不得加催熟剂。

冻害

症状描述：冻害是气温过低对蜜柚叶片、枝条造成的一种伤害。轻微冻害时，受害的叶片局部出现形状大小不一的叶肉塌陷斑，初为灰青色，后转浅褐色至灰白色，严重的整片叶片凋萎、纵卷、赤褐色，多数易脱落，枝梢变黄、枯死。冻害比较严重时，叶片结冰，全株叶片凋萎，如同开水烫过，呈暗灰白色，随后变成赤褐色，最后脱落，小枝干枯，枝条出现裂皮和枯死，主干皮层腐烂，导致地上部死亡，幼树则全株枯死。

发生原因：冻害发生的时间一般在当年的12月至翌年的3月，冷空气南下（前期）或寒流入侵后气温骤然变化，由于在夜间树体温度降至该品种不能承受的低温以下而受到的伤害。受害部位多为晚秋梢和早春梢未完全老熟的叶片，或受螨类为害严重、土壤贫瘠、根系浅浮及缺水干旱的秋梢上。冻害的严重程度与冷空气的强弱、气温下降幅度等相关。树冠上部比下部容易受冻，幼龄树比老龄树容易受冻。

蜜柚幼龄树冻害

蜜柚秋梢冻害　　　　　　　　　蜜柚冬梢冻害

预防方法：①在山区，尤其是山地深处冷空气易沉积而不易流动的低洼地建园，种植之前可以先了解和查询当地气象资料作为参考。如平和县芦溪镇、秀峰乡、长乐乡等易受冻害影响。②加强管理，改善蜜柚园生态条件。立冬开始，保持蜜柚园内土壤湿度相对稳定，不宜过度干旱；促放秋梢，确保在冻害来临之前枝梢已经老熟，不被螨类为害；增施优质有机肥，使根系向下伸展，强壮树势，避免因土温变化幅度大而损伤根系，加重冻害。③覆盖保温。可在树冠下的地面盖草，提高地温，或地面喷施土壤增温剂，保护根系，以减轻树体受害。在冻害来临前，临时用塑料薄膜盖住树体进行防冻，此法效果好，但成本高。④冻害后的处理措施。首先及时淋水或灌水。对叶片凋萎而枝梢不枯的柚树，可在气温稳定回升后的初春摘除干叶；枝梢或枝条干枯的，可待干枯不再下延时，进行剪除。对冻死的大枝干，则应抓紧锯除，锯除后的伤口和枝干均应涂白保护。其次是及时进行浅层松土。受害树的枝条一般会提早抽梢，此时应加强管理，及时合理施肥和防治病虫害，重新培养树冠。

环剥黄化病

症状描述：该病是由于对蜜柚树体环剥操作不当引起的植株黄化。环剥时由于力度把握不准确割伤木质部，使伤口愈合慢或环剥木质部过深使伤口出现腐烂、流胶等症状，导致蜜柚树体营养输送受阻，树势衰弱。环剥不当的蜜柚植株一般在翌年5月出现叶片褪绿黄化、落叶。早开花结果，果实小且发育不良，严重的导致整株枯死。

　　发生原因：环剥操作不当是主要原因。在环剥时主干皮层环剥宽度超过0.5厘米或重剥旧部位，切口边缘不整齐、环剥时木质部损伤过深易影响环剥伤口愈合，导致养分输送受阻或病菌侵染引起树体黄化。环剥后伤口还未愈合时施用石硫合剂、松脂合剂等强碱性农药也会导致细胞组织死亡，环剥部位无法愈合，引

蜜柚环剥不当引起的黄化树

蜜柚环剥不当引起的衰弱树

起植株枯死。环剥时间选择不当是引起病症的另一原因，环剥操作遇早晨露水或下雨等空气湿度较大时段易使病菌侵入，影响伤口愈合。

预防与矫正：①选择专用的环割工具，如专用环剥刀或电工刀＋小螺丝刀，环剥深度以割去韧皮部露出木质部即可，不可伤及木质部，环剥时宽度在0.3～0.5厘米为宜，环剥操作一次到位，避免旧部位重复环剥。换树操作时应使用75%酒精或漂白粉对工具进行消毒，避免传播病害。②环剥应选择晴天进行，避开早晨露水未干时期，若环剥后能保持6～10天以上的晴天更有利于伤口愈合和提高着果率。如环剥后遇连绵阴雨天气，可喷施70%甲基托布津800倍液保护伤口。③根据树龄进行环剥，初结果树龄在每年12月上旬环剥，盛果树在12月下旬环剥，环剥后15天左右，用黑色塑料带包扎伤口有利于伤口较快愈合。④蜜柚树环剥不当（木质部割伤较浅）后的补救措施，次年蜜柚树不留花不留果不环剥，若需留果实则每株最多5粒，重新包扎环剥部位，可用鲜牛屎＋红心土＋甲基托布津500倍液混合制成粘土糊在环剥口，然后包上黑色塑料带，并进行根外施肥，可施用氨基酸等叶面肥。综合处理1～2个月后即可恢复树势。如木质部割伤较深，则很难恢复。

二、蜜柚常见害虫

1.蜱螨目

红蜘蛛

学名为 *Panonychus citri* McGregor，又称全爪螨、瘤皮红蜘蛛、红蜱等，属节肢动物门，蛛形纲，真螨目，叶螨科。

为害特点：红蜘蛛的生活史分为五个发育阶段，依次是卵、幼螨、前若螨、后若螨和成螨。成螨、幼螨和若螨均能以刺吸式口器刺破蜜柚的叶片、嫩枝、花蕾及果实表皮吸取汁液。损伤叶片表面呈现许多灰白色小斑点，严重时，全叶呈灰白色，甚至大量落叶、落花和落果，影响植株的生长和产量。幼果受害时表面出现浅绿色斑点，成熟果实受害时表面出现浅黄色斑点，无光泽，果实外形变小，品质变差，不耐贮藏，或因果蒂受损而导致落果。

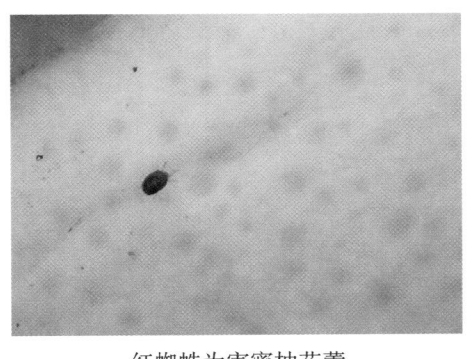

红蜘蛛为害蜜柚花蕾

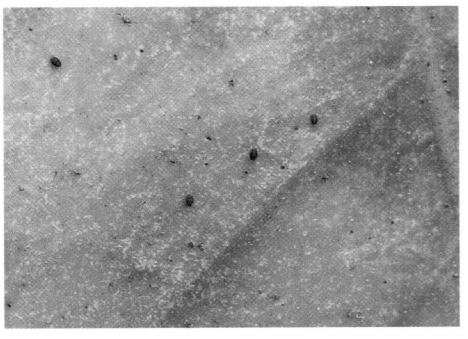

蜜柚春梢红蜘蛛成螨及其为害状

 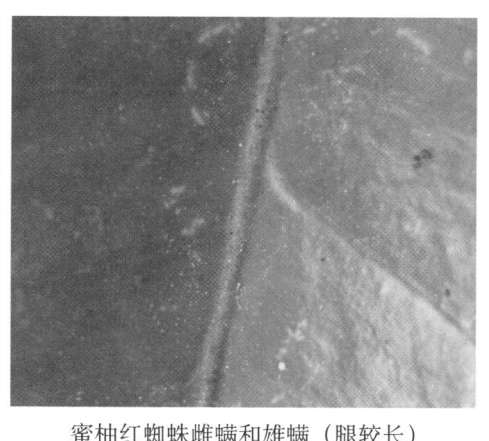

蜜柚叶片红蜘蛛为害状　　　　　蜜柚红蜘蛛雌螨和雄螨（腿较长）

　　识别特征：卵为卵圆形，直径约0.13毫米，初产时为鲜红色，后逐渐变成淡黄色，孵化前可以看到卵粒上有两个红色圆点（眼睛）。幼螨为半球形，体长约0.2毫米，初孵时为淡红色，3对足，行动较迟缓。若螨体椭圆形，鲜红色，形状色泽均同成螨相似，但个体略小，4对足，行动敏捷。成螨分雌成螨和雄成螨，雌成螨体为椭圆形，体长0.4～0.5毫米，宽0.3毫米，红色，背毛13对，粗刚毛状、着生在粗结节上，须肢跗节的端感器顶端稍微膨大；雄成螨为菱形，体型较雌成螨小，体后部稍尖，红色或棕色，须肢跗节的端感器微小。

　　发生规律：红蜘蛛在一年发生的代数受年平均气温的影响较大，南方一年可发生16～17代，世代重叠。早春（2月下旬至3月）开始活动为害，逐渐扩展至新梢为害，4—5月达到第一次发生高峰期，6月后虫口密度开始下降，7—8月高温时虫口数量较少，9—10月随着温度下降虫口数量又开始上升，为第二次发生高峰期。一年中春、秋两季发生严重，且春季的高峰比秋季的高峰严重。红蜘蛛发育和繁殖的适宜温度为20～28℃，当温度超过30℃，死亡率增加，超过40℃则不利于其生存。红蜘蛛的发生与蜜柚抽梢期及气温关系密切，秋梢抽发好，为其提供了丰富的食料，红蜘蛛主要以卵和成螨在枝梢凹陷处、树皮裂缝处和叶片背面越冬，若冬季气温高、雨水少，翌年发生早且严重。红蜘蛛一生产卵数为每雌30～60粒，其卵常见附于叶片背面的中脉两侧，幼螨、若螨和成螨喜群集于嫩叶、枝梢、果实上，具有明显的趋嫩性和喜光性，苗木和幼树受害最重，另外在向阳方向为害较重，如树冠中、上部及其外围叶片。此外，不合理地使用化学农药，可导致红蜘蛛发生严重，如蜜柚种植中常见的广谱性无机铜制剂及一些菊酯类农药使用次数过多，可诱发红蜘蛛虫口数量增多。

防控措施：

（1）农业防治：做好预测预报，保护天敌，在红蜘蛛发生初期，喷药挑治，避免全园喷药；加强栽培管理，种植绿肥，可种植一年生或多年生的绿肥，选择的绿肥植株高度低于蜜柚植株即可，或实行蜜柚园自然生草，改善蜜柚园的生态环境，为天敌提供种群繁殖的有利场所；科学修剪，剪除有利于红蜘蛛越冬的废枝叶，减少早春红蜘蛛的发生。

（2）生物防治：在田间释放捕食螨，以螨治螨。具体的释放方法为：在释放捕食螨前一个月针对往年蜜柚园病虫害的发生情况喷施1次化学农药，间隔15天喷施第2次，目的是尽量避免释放捕食螨后喷施化学农药造成捕食螨的死亡，另外红蜘蛛虫口数量少时有利于捕食螨尽快控制其发生，同时，释放前将蜜柚园的杂草割除并聚拢到树头，有利于当地天敌爬上树帮助捕食螨一起消灭红蜘蛛。在每棵树上悬挂1包（≥300只）捕食螨，轻拿轻放，勿用力挤压，否则会压死袋子里面的捕食螨，然后在包装袋两侧剪开一个5厘米的缺口，用图钉把装有捕食螨的袋子钉在树头分叉处。释放最好在傍晚或阴天进行，以免晒伤捕食螨；释放后，蜜柚园自然生草，不再割草，有利于捕食螨越夏；释放捕食螨时可结合蜜柚园情况使用色板、诱虫灯等减少其他害虫的发生，若释放后发生其他较大规模的病虫害，应选择对捕食螨伤害较小的植物源农药或生物农药进行挑治。可在4月中下旬至5月上旬，8月上旬释放。

释放捕食螨防治蜜柚红蜘蛛

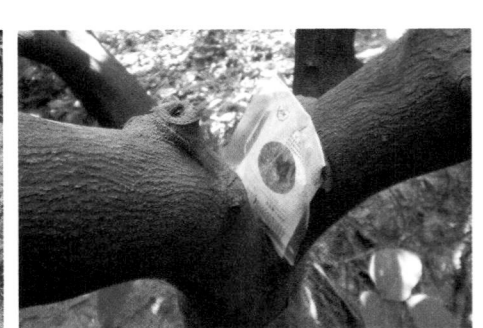
捕食螨悬挂位置（主干分叉处）

（3）药剂防治：①冬季清园期（采果后至春梢萌芽前）可使用植物源或矿物源杀螨剂，这些药剂以单剂使用效果较好。药剂可选用97%矿物油150～200倍液、45%晶体石硫合剂150～200倍液、石灰硫磺合剂液体0.8～1波美度、95%机油乳剂150～200倍液、73%炔螨特乳油1 200～2 000倍液等。②开花结果期，春、秋季节每叶成螨3头左右、夏季每叶成螨5头左右施药，药剂可选用24%螺螨酯悬浮剂3 000～4 000倍液＋1.8%阿维菌素乳油3 000倍液（兼治成虫、若虫和卵）、24%螺虫乙酯悬浮剂2 000～3 000倍液、1.2%烟碱·苦参碱乳油800～1 000倍液、0.3%苦参碱水剂500～800倍液、10%阿维·烟碱乳油500～1 000倍液、20%阿维乙螨唑悬浮剂2000～3 000倍液、50%联苯肼酯干悬浮剂4 000～5 000倍液、40%哒螨螺螨酯悬浮剂2 000～2 500倍液、20%吡螨胺2 000～3 000倍液、5%唑螨酯1 000～1 500倍液等药剂喷雾，如遇多雨天气，可添加增效助剂。

锈壁虱

学名为 *Phyllocoptruta oleivora* Ashmead，又名锈螨、锈瘿螨、锈蜘蛛，属蛛形纲，蜱螨目，瘿螨科。

为害特点：以成螨、若螨群集在果面、叶片、嫩枝上吸食汁液为害。叶片、嫩梢、果皮被吸食后，表皮油胞被破坏，油酯溢出，导致叶背和果皮变成古铜色或黑褐色。叶片受害严重时，叶变小畸形。果实受害时，果

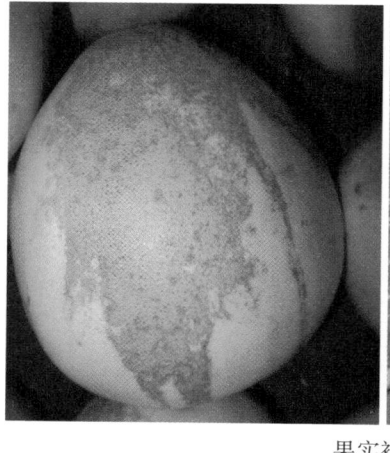

果实被害状

面粗糙无光泽，呈黑褐色或古铜色，俗称"乌番果"。果实上发生顺序为果蒂周围至果实背阴处至全果。

识别特征：卵呈圆球形，白色至淡黄色，透明光滑。初孵幼螨呈半透明灰白色，后渐变为淡黄色。幼螨蜕皮后成为若螨，若螨比幼螨大1倍，形似成螨。成螨体形呈类胡萝卜状，体长0.1～0.2毫米，淡黄色至橙黄色，头部稍小，向前伸出，头胸部背面平滑，足2对。

发生规律：锈壁虱在平和县一年发生20～24代，世代重叠。其主要靠风、昆虫、鸟类、苗木和果实的运输传播蔓延。一般行孤雌生殖，繁殖力特别强。生活周期短，平均一代历期10～19天。成螨、若螨在当年夏、秋梢的腋芽内，以及病虫等因素引起的卷叶内越冬。翌年3月，当气温上升到15℃左右时，越冬成螨开始活动，随着腋芽的生长，逐渐转移到新梢嫩叶叶背的主脉两侧为害和产卵。4月迁移至果实为害。5月中下旬，在受害蜜柚园中可发现变色的果实，出现落果。4—10月是发生盛期。7—9月高温、干燥，是锈壁虱发生的高峰期。11月以后，部分虫口转移至当年秋、冬梢的叶片上为害。锈壁虱喜荫蔽，多集中于树冠内膛和下部的叶片背面、果实下方及背阴处为害。

防控措施：

（1）农业防治：加强蜜柚园栽培管理，增施有机肥，采用生草栽培，改善蜜柚园小生态环境，有利于蜜柚园天敌的繁殖。

（2）生物防治：①于6月中下旬，每株悬挂1袋人工繁育的胡瓜钝绥螨（具体方法参考红蜘蛛防控措施中捕食螨的释放方法），能在较长时间内很好地控制锈壁虱。②6月中旬，雨后喷洒多毛菌菌粉（7万菌落/克）可湿性粉剂300～400倍液，每亩喷药液70千克，可长期、高效防治锈壁虱。其间不用或少用波尔多液等铜制剂，并随时注意锈壁虱的发生情况，以便及时防治。

（3）药剂防治：冬季清园降低越冬虫口，于每年12月至翌年1月用99%绿颖矿物油250倍液＋20%松脂合剂120倍液进行清园；从4月中旬或定果后起，当虫口密度平均每叶达2只或有虫叶率达20%时，或有5%～10%的果实查到锈螨时，要及时用药防治，20天左右施一次药。选择使用渗透性强、耐雨水冲刷的药剂。注意药剂对各虫态的防治效果，如50%丁醚脲悬浮剂4 000～5 000倍液、5%虱螨脲悬浮剂1 000倍液杀卵效果好，1.8%爱福丁（阿维菌素）乳油1 500倍液防治成虫效果好，24%螺螨酯悬浮剂4 000 ～ 5 000倍液防治若虫效果较好，40%哒螨螺螨酯悬浮剂2 000 ～ 2 500倍液春季使用较好，27%皂素·烟碱可溶性粉剂1 500倍液使用安全，80%代森锰锌（大生 M-45）可湿性粉剂600 ～ 800倍液、70%丙森锌（安泰生）可湿性粉剂600倍液防病又防虫。

2.半翅目

木虱

学名为*Diaphorina citri* Kuwayama，又称东方木虱，属半翅目，木虱科。

为害特点： 木虱主要为害蜜柚的幼嫩组织，以成虫和若虫在嫩梢、嫩叶和嫩芽上刺吸为害，是嫩梢期的主要害虫之一。成虫主要在嫩梢上产卵，卵孵化出来的若虫则群集在新梢、嫩芽和新叶上吸取汁液，叶片展叶成熟后若虫羽化成成虫，造成嫩梢、嫩芽黄化、萎缩、干枯，新叶扭曲畸形易脱落，严重影响植株的生长。若虫在取食过程中会分泌白色排泄物，被称为"蜜露"，附着于枝、叶的表面，影响植株的光合作用，同时诱发煤烟病。越冬的木虱成虫在老叶上取食，是传播黄龙病的主要媒介昆虫。

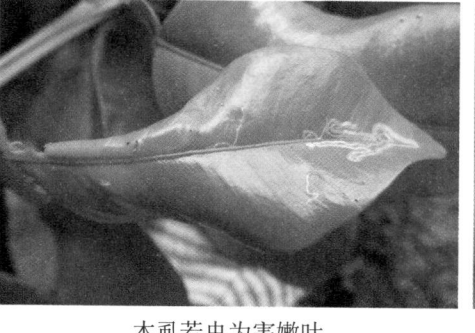

木虱若虫为害嫩叶

木虱成虫为害嫩叶

识别特征： 卵长0.3毫米左右，有1个短柄，上尖下钝圆似芒果形，初为黄白色，后逐渐变为橙黄色。若虫共5龄，不同龄期颜色有差异，刚孵化时黄白色，2龄后体黄色，自第3龄起各龄期带有褐色斑纹；翅芽自第2龄开始显露，且各龄若虫腹部周缘分泌有白色短蜡丝。成虫体长（至翅端）

2.8 ～ 3.0毫米，羽化初期为翡翠绿色，后呈青灰色且有褐色斑纹，被有白粉；头部前方2个颊锥凸出明显，单眼3个，橘红色，复眼暗红色；触角10节，末端2节呈黑色；羽化初期翅为白色，后前翅半透明，散布褐色斑纹或斑点；胸部略隆起，腹部正面浅绿色，腹部背面灰黑色。

发生规律：在福建地区一年发生8代，田间世代重叠，一年中出现的代数和蜜柚抽发新梢次数（蜜柚1年抽发5 ～ 6次新梢）有直接的关系，每代木虱害虫的存活时间长短和气温有一定的关系。一般情况下，木虱在每年的3月下旬后开始产卵，4月中下旬后卵开始孵化，5月上旬成虫开始出现。若虫期出现在4月下旬，6月至8月中旬，9月上旬和9月底。秋梢期是成虫发生高峰期，成虫喜欢在嫩芽上产卵。在产卵的初期阶段，主要靠吸取嫩芽的汁液存活和生长，到5龄结束。如果没有嫩芽，成虫会停在老叶的背面或正面休眠。当气温在8℃以下时，成虫静止不动，待温度升高到14℃左右时，成虫活跃能力强，温度达到18℃时开始产卵。多数情况下，木虱主要分布在衰弱树上，由于衰弱树比正常树早抽发新芽，为木虱提供了食料和产卵的有利场所。一年中夏梢受害最为严重，其次是秋梢，每年5月份，容易引发黄龙病。每年10月中旬至11月上旬，木虱会发生一次高峰期后进入越冬。

防控措施：

（1）农业防治：①种植防护林营造防护林带，创造不利于木虱繁殖与扩散的环境条件。在新建蜜柚园中禁止种植芸香科植物，可减少木虱繁殖场所和中间寄主。②加强栽培管理，增施优质有机肥，保持蜜柚生长健壮，提高树体抗病能力。针对黄龙病流行区的新建蜜柚园进行田间监测，利用木虱的趋黄性，在蜜柚园周围悬挂大量黄板，定期检查，特别是在每次新梢抽发期，可及时发现是否有木虱传入。

（2）物理防治：①黄板诱杀。木虱具有较强的趋光性，虫口密度较高时对黄板具有较高的趋性。在蜜柚各梢期之前，在南面方位，距离地面高1.5米处悬挂黄板，间隔5米再悬挂一板，是诱集木虱最佳的悬挂方式。②利用植物挥发物。如D-柠檬烯、芳樟醇、β-石竹烯等对木虱具有较好的引诱效果，与黄板结合，可以最大限度地诱杀木虱。③驱避。苦楝油、印楝油和印楝素对木虱有明显的驱避作用。蜜柚园种植一些对木虱具有驱避作用的树种，如薇甘菊、马缨丹、假臭草、蟛蜞菊等植物对木虱也有明显的驱避作用。

（3）生物防治：①利用木虱天敌。主要有寄生蜂和捕食性天敌，优势寄生蜂为木虱啮小蜂和阿里食虱跳小蜂，二者是目前被普遍认可的木虱专性寄生蜂；捕食性天敌包括草蛉、瓢虫、食蚜蝇、螳螂、蜘蛛、蚂蚁等，其中捕食性瓢虫是优势类群。在蜜柚园中可种植藿香蓟、附香子、含羞草或其他绿肥，给天敌营造良好的栖息场所，还能增强蜜柚根系吸收养分的能力。②利用木虱虫生真菌，如玫烟色拟青霉、蜡蚧轮枝菌、球孢白僵菌、金龟子绿僵菌、黄色镰孢、桔形被毛孢等真菌作为生防制剂应用于防治木虱。

（4）药剂防治：①冬季清园，冬季是防治木虱的重点时期，在冬季木虱活动较弱的时候喷药防治，能有效地减少翌年春季的虫源，选用97%矿物油、99%矿物油全园喷施，可达到较好的防治效果。②春梢萌芽前，杀灭越冬木虱，对于不抹除夏梢的蜜柚园，在夏梢抽发0.5～1厘米时及时喷药防治，间隔10天左右喷第2次，防止成虫产卵，同时可杀死低龄若虫，是防治木虱的关键时期；统一放秋梢，结合其他害虫防治，保护秋梢；有抽发冬梢或晚秋梢的蜜柚园，仍需防治木虱。药剂可选用22.4%螺虫乙酯悬浮剂4 000～5 000倍液、10%吡虫啉可湿性粉剂1 500～2 000倍液、25%呋虫胺可分散油悬浮剂2 500～3 000倍液、2.5%联苯菊酯乳油1 000～1 500倍液、25%噻虫嗪水分散粒剂4 000～5 000倍液、0.3%印楝素乳油800～1 000倍液等。若周围有种植芸香科植物，需连同芸香科植物一起喷药。

黑刺粉虱

学名为 *Aleurocanthus spiniferus* Quaintance，又称刺粉虱、黑蛹有刺粉虱，属半翅目，粉虱科，刺粉虱属。

为害特点：若虫聚集在叶片背面刺吸汁液，形成黄斑，并排泄大量蜜露，诱发烟煤病发生，导致枝叶发黑，阻碍光合作用，严重时可引起枝梢枯死，叶片脱落，开花少，产量低，果实品质差，树势衰弱。

识别特征：卵为新月形，0.25毫米左右，附着在叶片上，初产为乳白色，后渐变为淡黄色，近孵化前为灰黑色。若虫共分3龄，初孵若虫扁圆形，无色透明，后渐变为灰色至黑色，并在躯体周围分泌1圈白色的蜡质，体背生6根浅色刺毛；二龄若虫为黄黑色，体背有6对刺毛，体周缘白蜡圈

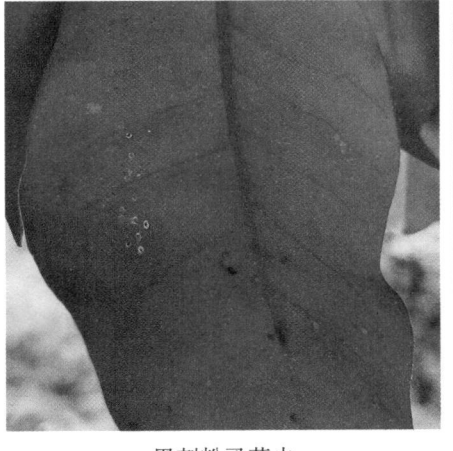
黑刺粉虱若虫

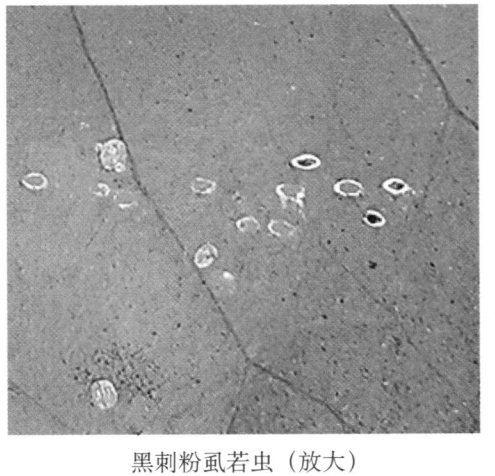
黑刺粉虱若虫（放大）

明显；三龄若虫体长0.6毫米左右，深黑色，体背上有14对刺毛，躯体周围的白色蜡质增多。蛹近椭圆形，长0.8～1.0毫米，初期为乳黄色渐变为黑色，有光泽；蛹壳边呈锯齿状，周缘有较宽的白边，背面显著隆起。雌成虫体长0.9～1.3毫米，橙黄色，体上覆有极薄的白粉，复眼肾形，红色，前翅淡紫色，翅上有7个大小不一的白色斑纹，后翅小，淡紫褐色；雄成虫体较小，腹部末端有攫握器。

发生规律：黑刺粉虱在福建省1年发生4～5代，其与气温的变化关系较大。初孵若虫在卵壳上停留1～2分钟后开始近距离活动，多在卵壳附近取食，蜕皮时前足收缩，蜕皮后将皮留在体背上，以后每蜕1次皮均将上次蜕的皮往上推而留在体背上，一生蜕皮3次，远距离传播主要借助风力传播。第一代若虫发生在4月下旬至6月上旬，第二代发生在6月下旬至7月中旬，第三代发生在7月下旬至9月上旬，第四代发生在10月至翌年2月。二龄和三龄若虫于叶背越冬，越冬若虫3月下旬至4月上旬化蛹，3月中旬至4月羽化，6—9月是为害高峰期，世代不整齐。成虫喜在较阴暗的环境和幼嫩的枝叶间活动，羽化后的成虫聚集在当年春梢叶背上吸食汁液，交尾产卵，卵产在叶片背面，密集成圆弧形或散生，当温度达10℃以上时，卵开始发育，每雌可产卵数十粒至百余粒，当温度为21～24℃时，成虫寿命只有6—7天。种植过密，偏施氮肥，植株徒长荫蔽，易造成蜜柚园通风透光不良，有利于黑刺粉虱的生长发育及繁殖，同时煤烟病也发生严重。

防控措施：

（1）农业防治：合理密植，科学修剪。采果后进行重剪，剪去残枝、弱枝、病虫枝、挂果枝、交叉枝和徒长枝等，改善蜜柚园的通风透光条件；测土配方施肥，按照不同生育期的需肥量施用，避免偏施氮肥，提高植株抗虫能力；保留蜜柚园良性杂草。

（2）物理防治：在成虫羽化后，利用黄板诱杀，减少成虫基数，每亩蜜柚园挂25～30块黄板，黄板悬挂距离地面1.5～2米位置为宜。为了降低成本，可自制黄板（用10号机油乳剂加少许黄油调成黏油，7～10天涂1次）。

（3）生物防治：利用天敌和生防菌防治黑刺粉虱，天敌主要有刺粉虱黑蜂、黄盾恩蚜小蜂、斯氏浆角蚜小蜂、橙黄蚜小蜂、扑虱蚜小蜂、红点唇瓢虫、方斑瓢虫、刀角瓢虫、黑缘红瓢虫、黑背唇瓢虫、整胸寡节瓢虫、草蛉等；生防菌主要有蜡蚧轮枝菌、玫烟色拟青霉、粉虱座壳孢（黄色寄生菌、棕色寄生菌和白色寄生菌）、韦伯虫座孢、粉虱拟青霉、扁座壳孢和枝孢霉等，可用喷雾法和悬挂菌枝法进行防治。

（4）药剂防治：当有虫叶片超过同龄叶片总数的25%，且平均每片有虫叶片二龄以上的若虫数在10头以上，须用化学药剂控制虫口数量。药剂可选用植物源农药，如0.3%苦参碱800倍液、0.3%印楝素1 000倍液，防治效果显著。也可用化学农药挑治，如25%扑虱灵可湿性粉剂1 500倍液、48%乐斯本乳油1 000～1 500倍液、8%莫比朗乳油800～1 000倍液、20%啶虫咪粉剂3 000倍液、5%啶虫脒乳油2 000～4 000倍液、10%吡虫啉2 000～3 000倍液等防治。在蛹期用90%敌百虫晶体500～700倍液防治，对寄生蜂影响小，有利于保护天敌。

粉虱

学名为 *Dialeurodes citri* Ashmead，又称黄粉虱、橘绿粉虱、通草粉虱，属半翅目，粉虱科。

为害特点：以成虫、若虫为害春、夏、秋各次新梢叶片，春梢和夏梢受害较重。成虫群集于叶背吸食汁液，并分泌一层薄蜡粉在叶背，同时交尾产卵。若虫固定在新叶背面吸食汁液，若虫排泄物引发叶片煤烟病，严重时导致整片叶片和整枝枝条污黑，阻碍树体进行光合作用，导致树势衰

弱，果实生长缓慢，甚至落果，果实表面覆盖煤烟，发育不良，外观品质
差，影响销售。

蜜柚春梢叶片上的粉虱成虫

蜜柚粉虱若虫和羽化后的白   粉虱座壳孢菌寄生蜜柚粉虱状
色蛹壳

识别特征：成虫体黄色，雌成虫体长约1.2毫米，翅半透明，虫体覆有
白色蜡粉，复眼红褐色，触角7节。雄成虫较小，其虫体长约1毫米，端部
向上弯曲。翅2对，半透明。卵为长椭圆形，淡黄色，卵壳平滑，以卵柄
着生在叶片上。初孵若虫为淡黄色，成熟若虫为黄褐色，体椭圆形，扁平，

伪蛹近椭圆形，大小与四龄若虫一致，但背盘区稍隆起，壳质软而透明，羽化为成虫前呈黄绿色，可见虫体，羽化后蛹壳白色，壳薄而软。

发生规律： 在福建地区一年发生4～5代，世代重叠，以老熟若虫和蛹在秋梢叶背越冬。翌年4月下旬越冬代羽化为成虫，严重为害春梢，并诱发煤烟病。5月上旬至6月上旬为羽化盛期，成虫羽化后，群集于新梢叶背吸取叶片汁液，并分泌一层薄蜡粉于叶背上。卵散产，卵期为3～35天。若虫孵化后，通过短距离爬行，以口器插入叶组织内取食；若虫蜕皮3次，每次蜕皮后稍爬动，又重新固定取食；三龄若虫后期在体内蜕皮成拟蛹，其蜕皮壳硬化即为蛹壳。成虫的飞翔能力不强，遇惊后做短暂飞舞即返回树上；阳光强、气温高时嵌入树冠荫蔽处。该虫喜阴，因此种植密度过大、荫蔽潮湿、阴坡的蜜柚园发生多。

防控措施： 参考黑刺粉虱的防控措施。

褐圆蚧

学名为*Chrysomphalus aonidum* Linnaeus，又称黑褐圆盾蚧、褐叶圆蚧、茶褐圆蚧、鸢紫褐圆蚧，属半翅目，盾蚧科。

为害特点： 褐圆蚧主要为害叶片、枝条和果实。若虫、成虫主要聚集在叶片背面主脉附近为害，以后转移分散到枝干及叶片正面等部位吸吮汁液，受害叶片和枝条出现黄色斑点，严重时整片叶子变黄，早期落叶，影响树体长势；虫体的分泌物能诱发煤烟病，形成煤烟状的霉层，影响蜜柚植株光合作用，受害严重时枝叶枯萎甚至整株死亡。果实受害后出现累累大小不一的斑点，内外品质降低，甚至引起落果。枝干受害，表面粗糙，树势衰弱。

识别特征： 雌介壳圆形，直径约2毫米，暗褐色，边缘淡褐色，第一、二次脱皮壳叠在中央，隆起较高，壳面密被环纹，似草帽状；壳内虫体无足无翅，表皮柔软，呈倒卵形，长约1.1毫米，近淡黄色，头、胸、腹各部分分界不明显，头胸部最宽，腹部较尖。雄介壳较雌介壳小，长约1毫米，紫褐色，雄成虫有足和翅，触角发达。卵椭圆形，长约0.2毫米，淡黄色，产于介壳下母体后部。一龄若虫椭圆形，体长约0.2毫米，淡黄色，触角、足伸出体外，足3对，触角和尾毛各1对，口针较长；二龄若虫足、触角和尾毛消失。仅雄虫有蛹，长0.8毫米，橙褐色。

失管一年的蜜柚果实上的褐圆蚧

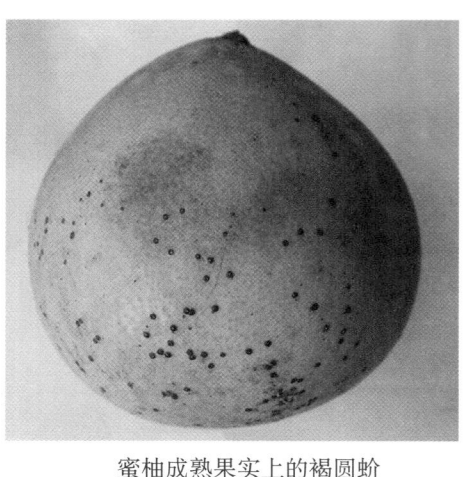

蜜柚成熟果实上的褐圆蚧

褐圆蚧为害蜜柚叶片导致黄化

蜜柚褐圆蚧（放大）

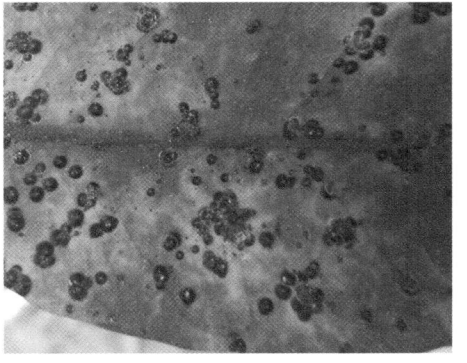

蜜柚叶片背面的褐圆蚧

蜜柚叶片正面的褐圆蚧

发生规律：在福建1年发生4代。第一代若虫孵化盛期为4月中旬至6月下旬，主要为害新梢和幼果；第二代为6月下旬至8月上旬，主要为害果实；第三代为8月中旬至9月下旬；第四代为10月上旬至11月中旬。从4月上旬至11月下旬，田间可见各种虫态，世代重叠严重。褐圆蚧繁殖率高，产卵量大，卵经数小时至2～3天孵化为若虫，刚孵化的若虫游动至叶片及果实上固定为害，固定后开始分泌蜡质覆盖于体背，以若虫迁移及其他方式传播。褐圆蚧喜荫蔽、潮湿的生活环境，雄成虫寿命只有4天，雌成虫寿命数月。蜜柚园种植密度大、修剪不合理、地势低洼、坡地高时发生严重，老蜜柚园较新蜜柚园发生严重，树冠内膛较外围发生严重。

防控措施：

（1）农业防治：加强栽培管理，增施有机肥，增强树势，科学修剪，并及时清除恶性杂草及枯枝落叶集中烧毁，并注意蜜柚园通风透光，有利于植株生长和均匀施药，提高防效。

（2）生物防治：保护和利用天敌，局部发生时应进行挑治以保护天敌。褐圆蚧的天敌主要有双带巨角跳小蜂、金黄小蜂、纯黄蚜小蜂、斑点金黄蚜小蜂、单带巨角跳小蜂、花角蚜小蜂、蚜小蜂、细缘唇瓢虫、黑背唇瓢虫、整胸寡节瓢虫、红点唇瓢虫、草蛉和红霉菌等，在天敌昆虫大量繁殖的时期，应尽量少打药或不打药，若必须施药，应选择对天敌影响小的植物源或生物源药剂。

（3）药剂防治：于每年第一代卵的孵化盛期喷药是防治的关键，此时初孵若虫抗药性差，天敌的虫口基数低，是使用化学农药的最佳时期。平和县海拔较低的地方第1次用药宜在4月下旬至5月上旬，海拔相对较高的地方喷药宜在5月上旬至5月中旬进行，最迟不宜超过5月下旬，间隔20天左右进行第2次用药。选用24%螺虫乙酯悬浮剂2 000～3 000倍液、10%吡虫啉可湿性粉剂3 000倍液等，均对若蚧防效显著。冬季清园期可用97%矿物油150～200倍液、30%松脂酸钠水乳剂300～500倍液喷雾，有利于减少翌年介壳虫的虫口基数。

红圆蚧

学名为 *Aonidiella aurantii* Maskell，又称赤圆介壳虫、红圆蹄盾蚧、红圆介壳虫，属半翅目盾蚧科。

为害特点：以若虫和成虫群集在叶片、果实及枝条上为害，以刺吸式口器吸食枝条、叶片和果实的汁液，蜜柚苗木最易受害，自主干基部到顶叶均有寄生。雌成虫有较厚的蜡质壳覆盖虫体。虫害严重时红圆蚧层叠布满枝条、叶片，导致枝条干枯、落叶，影响果树生长。

识别特征：雌成虫圆形或近圆形，直径1～2毫米，橙红色至红褐色。有2个壳点，第1个壳点在介壳中央，略突起，颜色较深，暗褐色，壳点中央稍尖，脐状，边缘平宽，淡橙黄色，虫体体长1～1.2毫米，肾形，淡橙黄色至橙红色。雄成虫介壳椭圆形，长约1毫米，壳点1个，圆形，中央稍隆起，初为灰白色或灰黄色，外缘橘红色或黄褐色，壳点偏在一边。眼紫色，触角和翅各1对，足3对，尾部有针状交尾器。卵很小，宽椭圆形，淡黄色至橙黄色。一龄若虫宽卵形，橙黄色，足和触角各3对，口针较长。二龄若虫足和触角消失，体渐圆，橙黄色，后渐变为橙红色，介壳渐扩大变厚。二龄雄若虫后期出现黑色眼斑，有触角、眼、翅芽和足芽，前足环抱头部，腹末有锥形突，两侧各生1根短刺。

蜜柚枝干上的红圆蚧

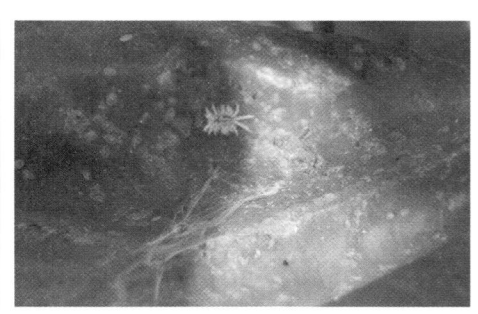

蜜柚树冠内膛叶片上的红圆蚧

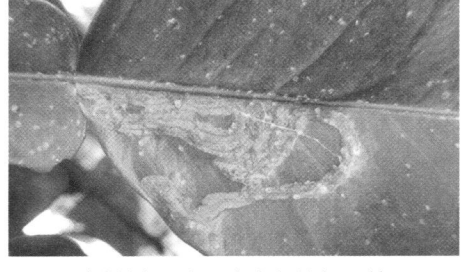

蜜柚树冠外围叶片上的红圆蚧

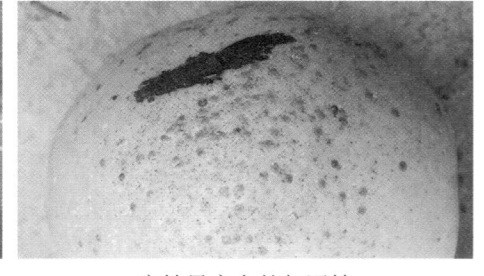

蜜柚果实上的红圆蚧

发生规律：在南方一年发生 5 ～ 6 代。雌成虫产卵期长达 20 ～ 30 天，从第 2 代起世代重叠现象十分明显，4—11 月均可见到各虫态的虫体。第一至五代一龄幼蚧发生盛期分别为 4 月中旬至下旬初、6 月上旬至中旬、7 月中旬至下旬、8 月下旬末至 9 月上旬、10 月中旬。第一至五代雌成蚧盛发期分别为 5 月下旬至 6 月上旬、7 月上旬至中旬、8 月下旬至 9 月上旬、10 月中旬至下旬、11 月下旬至 12 月下旬。红圆蚧 11 月下旬至翌年 3 月下旬以受精雌成虫在枝叶上越冬。由于 3 月份气温仍不稳定，孵化出来的少数幼蚧大多不能继续发育，死亡率极高，4 月上旬后气温较高且稳定，有大量幼蚧孵化，出现第 1 个幼蚧盛发高峰期。初孵幼蚧借风力、昆虫和鸟类等媒介传播。

防控措施：

（1）农业防治：加强栽培管理，适时修剪残枝及虫枝，保持蜜柚园良好的通风透光。

（2）生物防治：保护和利用天敌，红圆蚧的主要天敌有红点唇瓢虫、细缘唇瓢虫、岭南金黄蚜小蜂、双带巨角跳小蜂和红霉菌等。

（3）药剂防治：结合冬季清园，在采果后至 12 月中旬喷药，降低越冬虫口基数，可选用 97% 希翠矿物油 150 ～ 200 倍液、99% 绿颖矿物油 150 ～ 200 倍液、30% 松脂酸钠水乳剂 300 ～ 500 倍液、松脂合剂 8 ～ 10 倍液，叶片正、反面，枝干需喷雾均匀。也可以选用 15% 阿维·螺虫乙酯悬浮剂 2 000 ～ 2 500 倍液喷雾。生长期应抓住越冬后第一代低龄幼蚧盛发期施药。药剂选择可参考褐圆蚧。

黄圆蚧

学名为 *Aonidiella citrina* Coquiellet，又称黄圆蹄盾蚧，黄肾圆盾蚧、桔黄点介壳虫，属于半翅目，盾蚧科，蹄盾蚧属。

为害特点：该虫以刺吸式口器吮吸植物汁液，发生严重时，常密被枝叶，导致树势衰弱，引起枝叶大量枯死。同时该虫还能排泄"蜜露"，诱发植物的煤污病，受害植物枝叶被黑色霉层覆盖，严重影响植物的光合作用，使植物失去观赏价值，造成环境污染。

识别特征：黄圆蚧雌成虫介壳似小粒田螺坯，圆形或近圆形，直径 2 毫米左右，与红圆蚧极为相似，但黄圆蚧的脱皮壳呈黄色，黄褐色或淡褐色。介壳周围有白色或灰白色边缘呈波浪式的壳膜。介壳薄，半透明，表面光滑似腊纸状。顶端中央两个重叠的蚧壳为一、二龄若蚧的脱皮壳，在蚧壳外常隐约可见到蚧壳下的虫体。雌成虫体在产卵前呈圆形，腹部稍尖，产卵后的虫体前方两侧突出并下垂呈马蹄形。雄介壳为椭圆形，比雌介壳小，直径约1.3毫米，第一龄脱皮壳偏于一端，色泽与质地同雌介壳。雌虫产卵于蚧壳下，卵近椭圆形，淡黄色。孵出的一龄若虫体椭圆形，黄白色透明，二龄若虫淡黄色，圆形，触角和足消失。

蜜柚叶片正面和反面的黄圆蚧

蜜柚叶片主脉上的黄圆蚧

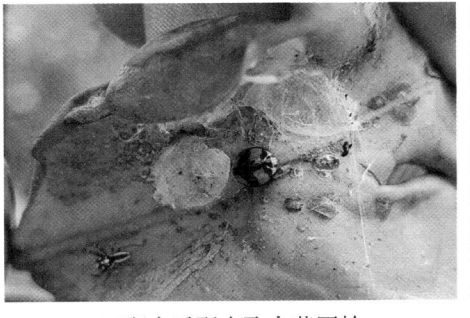

四斑广盾瓢虫取食黄圆蚧

蜜柚枝条上的黄圆蚧

发生规律：福建地区1年发生4代，第一代5月中旬至6月中旬，第二代7月下旬至8月上旬，第三代9月中旬，10月下旬开始出现第四代若蚧。其中第一代出现比较整齐，第二代以后出现重叠交叉现象。第一代若蚧固定在枝叶上，第二代开始上果为害，第三至四代后果实上的蚧量增长迅速。黄圆蚧为卵胎生，若虫共有两龄。一龄若虫孵化后先在寄主植物上爬行一段时间寻找取食位点，然后固定取食并分泌蜡质层，最后介壳会包被全身，并发育为成虫，成虫产卵前虫体呈圆形或梨形，产卵后呈马蹄形。黄圆蚧抗寒能力比红圆蚧强。阴暗潮湿、通风透光差的蜜柚园发生较多。其靠风力、昆虫和鸟类传播。

防控措施：

（1）农业防治：及时做好冬季清园，剪除虫枝带出蜜柚园集中烧毁，并喷药清园。

（2）生物防治：保护和利用天敌，红圆蚧的主要天敌有红点唇瓢虫、细缘唇瓢虫、四斑广盾瓢虫、草蛉、黄金蚜小蜂、单带巨角跳小蜂等。

（3）药剂防治：对第一代一龄若虫的防治最为关键，可有效地降低第二代、第三代的虫口基数。药剂选择可参考褐圆蚧。

白轮盾蚧

学名为 *Aulacaspis citri* Chen，又称白轮蚧，属半翅目盾蚧科。

为害特点：以若虫和成虫为害叶片、枝梢和果实，引起枝条枯死，叶片脱落，果实内外品质变差，严重的可导致树势衰弱。

蜜柚叶片正面上的白轮盾蚧

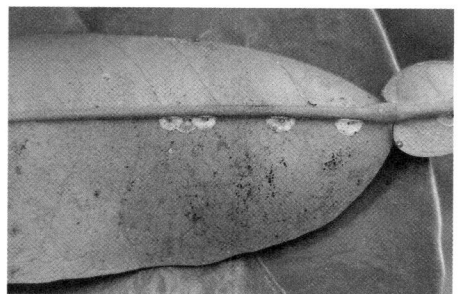

蜜柚叶片背面上的白轮盾蚧

识别特征：成虫体长约1毫米，长形，淡红色。头胸宽大，前端圆形，两肩角明显突出。雌成虫介壳近圆形，灰白色，直径2.2～3.0毫米，薄而微突起，壳点位于边缘或中心处。雄成虫介壳长方形，长1.2～1.5毫米，白色，蜡质状，壳点在前端。卵椭圆形，长0.2毫米左右，淡紫色，表面有极细的不规则网纹。初孵若虫卵圆形，扁平，尾端较尖，黄色，有许多紫色斑纹；固定后，背上渐分泌卷曲丝状的白色蜡毛。

发生规律：一年发生4代，世代发生极不整齐。以未交尾的雌成虫越冬。4—5月第一代卵和幼蚧出现，是防治的关键期。第二代、第三代和第四代分别在6—7月、8—9月和10—11月初发生。雌虫蜕皮两次即为成虫，雌成虫散生或数头聚集在一起，时有重叠。雄虫群集于叶背。

防控措施：可参考褐圆蚧的防控措施。

矢尖蚧

学名为 *Unaspis yanonensis* Kuwana，又称箭头介壳虫、矢尖盾蚧，箭羽竹壳蚧，白帆。属半翅目，盾蚧科。

为害特点：该虫主要为害植株的叶片、枝梢和果实，以若虫和雌成虫刺吸蜜柚的叶片、小枝和果实的汁液。叶片受害较轻的被害处呈现淡黄斑，受害严重的反面呈现黄色大斑，甚至叶片焦枯；果实受害则呈现黄绿色，外观品质差、味酸，枝梢受害表现为干枯、卷缩，严重削弱树势，产量下降；幼树受害甚至整株枯死。

蜜柚枝条上的雄矢尖蚧

蜜柚幼树主干雄矢尖蚧为害导致全株枯死

蜜柚果实矢尖蚧

识别特征：雌成虫介壳长2～3.5毫米。介壳细长，紫褐色，略弯曲，前端尖，后端宽圆，周围有白边，中央有一明显纵脊，两个壳点位于前端，黄褐色。雄成虫介壳长1.3～1.6毫米。狭长，粉白色，背面有三条纵脊。卵长约0.2毫米，表面光滑，椭圆形，橙黄色。初孵若虫淡黄色，扁平，触角及足发达，足有3对。二龄若虫淡橙黄色，壳扁平，中央无纵脊，触角及足均消失，椭圆形。蛹长约0.4毫米，长卵圆形，淡橙黄色，雌虫为渐变态，雄虫近似全变态。

发生规律：矢尖蚧在南方蜜柚产区1年发生3代，世代重叠。以受精雌成虫越冬，有少数以二龄若虫越冬。每年4月上旬气温在19℃以上时，越冬的雌成虫开始活动、产卵，卵产在母体介壳下，数小时便可以孵化出若虫，第一代若虫高峰期出现在5月中旬，多在老叶上为害；6月下旬为第二代若虫高峰期，若虫大部分寄生在新叶上，少部分寄生在果实上；8月中下旬为第三代若虫高峰期，主要为害果实，常以雌虫爬到果实上吸食汁液。雌虫大多分散取食，雄虫大多以数个至上百个聚居在母体附近取食。若虫历期夏季为30～35天，秋季为50天，越冬若虫历期更长。

防控措施：

（1）农业防治：修剪灭虫，在卵孵化前剪去虫枝，将剪好的虫枝集中放在果园内的空地上，让其寄生天敌羽化、飞出，约一周后再进行烧毁处理。

（2）生物防治：引进和利用天敌，在矢尖蚧发生的地区，引进红绿黑瓢虫、红环瓢虫、红点唇瓢虫、澳洲瓢虫、大红瓢虫、金黄蚜小蜂、软蚧蚜小蜂等天敌进行有效的控制。

（3）药剂防治：一至二龄若虫和雌成虫对农药比较敏感，这一时期是防治矢尖蚧的最佳时期，一般在4月下旬至6月上旬施药。药剂选择可参考褐圆蚧。

吹绵蚧

学名为 *Icerya purchasi* Maskell，又称白橘虱、棉子蚧、绵团蚧等，属半翅目硕蚧科。

为害特点：吹绵蚧主要以刺吸果树汁液为害枝梢、叶片及果实，被害处周边变为黄绿色，并排泄"蜜露"，诱发煤烟病，造成枝条、叶片和果实的表面呈煤烟状，较重时形成一层黑皮覆盖于枝条、叶片和果实的表面，严重时引起叶片焦枯凋落、枝条枯死、果实不易着色、果小味酸，影响果实质量和产量，甚至引起植株局部或整株死亡，更有甚者导致全园毁灭。

蜜柚吹绵蚧

蜜柚吹绵蚧卵囊内的卵、若虫

蜜柚吹绵蚧群聚在叶片背面为害

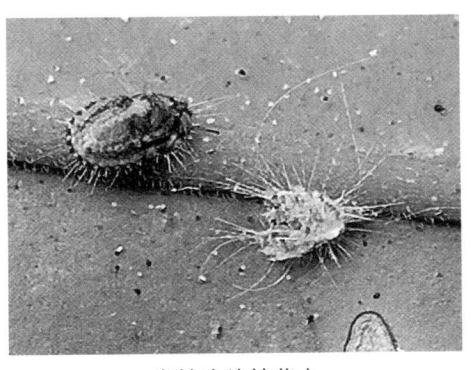

蜜柚吹绵蚧若虫

蜜柚吹绵蚧群聚为害枝条症状

　　识别特征：卵近椭圆形，长约0.7毫米，宽约0.3毫米，初产时为橙红色，后逐渐变为橘黄色，密集于雌成虫卵囊内。初孵若虫椭圆形，浅黄色，触角黑色；中期能分泌蜡质，为蜡质虫体，椭圆形，青褐色。从二龄若虫开始有雌雄区别，雌虫体长1.5～2.0毫米，背面红褐色，上覆盖黄色蜡粉；雄虫体窄而长，行动较为活泼。雌成虫椭圆形，无翅，体长5.8～6.0毫米，宽3.9～4.0毫米，红褐色，背面隆起，着生黑色短细毛和蜡腺孔，体背覆盖一层白色颗粒状蜡粉及透明、长短不一的蜡丝，腹部附白色蜡质卵囊，头、胸、腹无明显的分界线，触角为念珠状，有11节，每节都覆有黑色细毛，足等长，3对，黑色，发达，上生许多刚毛；雄成虫体瘦小，长3毫米，橘红色，前翅狭长、黑色，翅展8毫米，后翅退化成平衡棒，口器退化。足发达且细长，有黑色刚毛。蛹体长3.5毫米左右，橘红色，体上散生淡黄褐色细毛；触角、翅芽、足淡褐色，覆有白色蜡质薄粉。蛹长椭圆形，白色，由疏松的白色薄蜡粉组成。蛹体可视。

　　发生规律：在南方地区1年发生3～4代，世代重叠严重，主要以受精雌成虫、卵和各龄若虫在受害植株的枝叶及树干越冬。每代都经历卵、若虫期、分泌蜡质期和蜡质成虫期4个虫态。第一代若虫发生高峰期在4月下旬至6月中旬，第一代发生整齐；第二代若虫发生高峰期在7月下旬至8月下旬，若虫的孵化整齐度要差一些；第三代发育极不整齐，世代重叠严重，难于分别统计，一般在9月下旬至11月中旬均会发生。吹绵蚧常以孤雌生殖方式繁殖，雌虫均为雌雄同体，温暖高湿为其适宜繁殖的气候条件。气温在20℃左右，湿度又高，为产卵的适宜条件，15℃以下产卵量显著减少，卵在体内可自行受精发育为雌雄同体的雌虫；此外，霜冻、干热、大雨均不利于其发生繁殖。吹绵蚧虫体小，主要借助风力、枝叶、果实及农事操作等进行近距离传播，通过带虫的苗木、果实、接穗的运输等进行远距离传播。

　　防控措施：

　　（1）农业防治：加强检疫措施，严禁调运带虫繁殖材料，不从虫区引进苗木；注重田间管理，改善蜜柚园生态环境，增强树势；清洁田园，清除残枝虫叶、虫果；合理密植，改善蜜柚园通风透光条件。

　　（2）生物防治：保护天敌，在园内充分利用有限空间种植绿肥，有利于天敌的繁殖，引种饲放澳洲瓢虫、大红瓢虫、小红瓢虫、六斑月瓢虫等，其中澳洲瓢虫和大红瓢虫对吹绵蚧有较强的控制作用，可在为害严重的时候引进澳洲瓢虫或大红瓢虫进行田间释放，释放时间以4至9月为主，释放后不宜喷施化学农药，以免杀死瓢虫。

（3）药剂防治：勤观察田间，发现虫情，及时防治。在各代若虫多又没有瓢虫时用药，每隔15～20天施药1次，一般进行2～3次。药剂可选99%绿颖机油乳剂500倍液＋25%优乐得可湿性粉剂1 000倍液、22%氟啶虫胺腈（特福力）悬浮剂4 000倍液等，注意轮换用药。喷药时应选择晴天，在植株内外的有虫部位均匀喷雾并注意喷湿叶背。其他药剂选择可参考褐圆蚧。

银毛吹棉蚧

学名为*Icerya seychellarum* Westwood，又称橘叶绵蚧、山茶绵蚧，属半翅目硕蚧科。

为害特点：为害叶片、枝条和果实，以成虫、若虫吸取植物的汁液，使受害植株新梢生长受阻，叶片变黄。严重时，在枝叶上聚集吸食，导致叶片及枝条干枯，甚至全株死亡。

识别特征：成虫椭圆形，雌成虫体长4.5～5毫米，后端宽，背面稍向上隆起，体被白色棉絮状蜡质物，呈5纵行排列，背中线1行，两侧各2行，块间杂有许多放射状银白色细长蜡丝，体缘蜡质突起较大，尖三角形，淡黄色。产卵期腹末分泌卵囊，卵囊上有多条管状蜡条排列一起。触角黑色，11节，各节有细毛。足3对，黑褐色，发达。雄成虫体长约3毫米，紫红色，触角10节，念珠状，球部环生黑刚毛。前翅发达，色暗。后翅为平衡棒，腹末丛生黑色短毛。卵深红色，椭圆形，长约1毫米。若虫砖红色，椭圆形，体背有许多不整齐的短毛，体边缘有无色毛状分泌物遮盖，触角6节，棒状，足细长。蛹橘红色，长椭圆形，长约3毫米。

发生规律：1年发生1代，以雌成虫越冬，翌年春季继续为害，

蜜柚叶片上的银毛吹棉蚧

成熟后分泌卵囊产卵，卵于6月下旬开始孵化，孵出的若虫分散游动寻找合适的位置，然后固定在枝干、叶片或果实上吸取寄主汁液。9月后，雌虫多数转移至枝干处，群集取食并交尾，交尾后雄虫则死亡，雌虫继续取食为害至11月后陆续越冬。

防控措施：参考吹绵蚧的防控措施。

堆蜡粉蚧

学名为*Nipaecoccus vastalor* Maskell，又称橘鳞粉蚧，属半翅目，粉蚧科。

为害特点：主要以若虫、成虫刺吸枝条、幼果的汁液，新梢被害后引起枝叶扭曲，新梢停止生长，严重的甚至枯死，果实受害后引起肿块畸形，容易脱落，诱发煤烟病，使果实失去商品价值。

识别特征：雌成虫椭圆形，长3～4毫米，体紫黑色，触角和足草黄色。触角有7节，足短小，爪下无小齿。全体覆盖厚厚的白色棉絮状的蜡粉。在虫体的边缘排列着粗短的蜡丝，仅体末1对较长，卵产于卵囊中，1个卵囊一般有200～500粒卵。雄成虫体紫酱色，长约1毫米，翅1对，半透明，腹末有1对白色蜡质长尾刺，发生数量较少，基本行孤雌生殖。卵淡黄色，椭圆形，长约0.3毫米，藏于淡黄白色的卵囊内。若虫形似雌成虫，紫色，初孵时无蜡质但能爬行，固定取食后，体背及周缘即开始分泌白色粉状蜡质，并逐渐增厚。蛹的外形似雄成虫，但触角、足和翅均未伸展。

堆蜡粉蚧及初孵若虫

堆蜡粉蚧致枝条枯死

堆蜡粉蚧为害果实

堆蜡粉蚧诱发煤烟病

发生规律： 在南方地区1年发生5～6代，田间世代重叠，以若虫和成虫在树干、枝条的裂缝或洞穴及卷叶内越冬。翌年2月初越冬的成虫、若虫开始恢复活动，为害刚抽发的春梢，3月下旬产卵于卵囊内。各代若虫盛发期为4月上旬、5月中旬、7月中旬、9月中旬、10月上旬及11月中旬。以4—5月和9—11月虫口密度最大，为害最重。

防控措施：

（1）农业防治：加强果园栽培管理，采果后至春梢萌芽前注意修剪，剪除过密枝梢和带虫枝，集中烧毁，使树冠通风透光，降低湿度，减少虫源。同时，控制冬梢抽生，既可防止树体养分的过度消耗，影响翌年开花结果，又可中断害虫的食料来源，从而降低虫口基数。

（2）生物防治：蜜柚园饲养山鸡，在堆蜡粉蚧成虫、若虫期皆可人工刷除树上的害虫，让鸡食之；同时，要注意利用草蛉、瓢虫等捕食性天敌和跳小蜂、克氏金小蜂等寄生性天敌，合理用药，不使用对天敌伤害大的药剂。

（3）药剂防治：根据堆蜡粉蚧在幼虫初孵阶段取食前虫体无蜡粉及分泌物，对农药较为敏感的特点，掌握初孵若虫盛发期，适时喷药。堆蜡粉蚧的重点防治工作在春梢期进行。药剂选择可参考褐圆蚧。

小粉蚧

学名为 *Pseudococcus citriculus* Green，又称橘棘粉蚧，属半翅目，粉蚧科。

为害特点：主要以若虫、成虫聚集在卷叶或有蛛网的叶片、叶柄和果蒂处为害，特别是在叶背中脉两侧、叶柄和果蒂处为害多。受害叶片上出现黄斑，严重的可引起落叶、落果，同时诱发煤烟病。

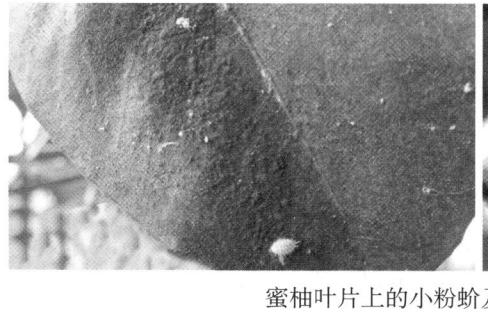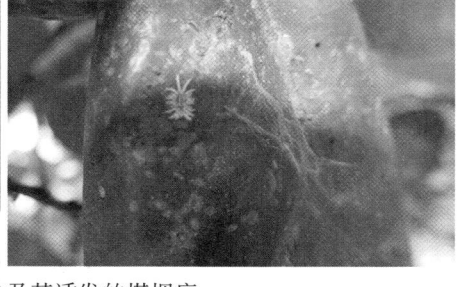

蜜柚叶片上的小粉蚧及其诱发的煤烟病

识别特征：雌成虫椭圆形，体长 2 ~ 2.5 毫米，粉红色或淡红色，背部隆起，体表密被白色蜡粉，但体节上较少。侧缘蜡刺白色且细长，17 对，其长度由前至后端逐渐增长，末端 1 对最长，为其前 1 对的 2 倍或体长的 1/3 ~ 2/3，触角 8 节，第 2 ~ 3 节及顶节较长。雄成虫较小，椭圆形，体长约 1 毫米，紫褐色，翅 1 对，腹末两侧各有 1 对较长

蜜柚叶片上的小粉蚧（放大）

的白色蜡丝。卵淡黄色，椭圆形，产在母体卵囊内，卵囊棉絮状，由白色蜡丝组成。初孵若虫体扁平，椭圆形，足和触角发达。3 龄若虫与雌成虫相似，体较小，固定取食后开始分泌白色蜡质覆盖体表。仅雄虫具有蛹，体长 1 毫米，土红色。

发生规律：1 年发生 4 ~ 5 代，终年为害。多以雌成虫及少量若虫在枝叶或果萼缝等处越冬。4 月中下旬越冬雌成虫在体下形成卵囊产卵。第 1 代

若虫较多群集在叶背中脉两侧、有蛛丝网的叶背、叶柄、果蒂部、枝干裂缝及地下根部为害，第二至三代若虫多在果蒂部为害，雌成虫和若虫终生均能活动爬行，不营固定为害，多为分散性。

防控措施：可参考褐圆蚧的防控措施。

红蜡蚧

学名为*Ceroplastes rubens* Maskell，又称红蜡介壳虫、胭脂虫、红轴、红蜡虫、红橘虱等，属半翅目蜡蚧科。

为害特点：主要以若虫和成虫群集在蜜柚的枝条、叶片和果实上吸食汁液，也有个体为害，以枝条受害最为严重，导致树势衰弱，其排泄的"蜜露"还可诱发煤烟病的发生。

红蜡蚧及其为害状 红蜡蚧

识别特征：卵初产为淡黄色，后逐渐变为橙黄色，椭圆形或卵圆形。初孵若虫为黄色，宽椭圆形，能移动，长约0.2毫米，宽约0.15毫米，可见触角和足。至一龄若虫后固定不动，近圆形，直径约0.2毫米，此时可分泌蜡质并覆盖全体；至二龄若虫后，足和触角逐渐消失，橘黄色，介壳变大变厚，近似杏仁形或肾形，变为橙红色。三龄虫体长椭圆形，长1毫米左右，蜡壳红色。雌成虫椭圆形，紫红色，直径约3.5毫米，背面隆起，覆盖紫红色蜡壳，似半球形，顶端凹陷。雄成虫体长约1毫米，橙黄色，头部圆形，口器和复眼为黑色，足3对。雌、雄成虫各有1对触角和翅，尾部有一交尾器。蛹初为淡黄色，后为深紫红色，长形。

发生规律：该虫1年发生1～2代，发生代数受气候影响而不同，以受精雌成虫和若虫在蜜柚枝叶上越冬。5月下旬进入孵化盛期，卵期很短，成虫产卵后，卵很快就孵化。初孵的若虫多在晴天白天停留在母体下几小时后，陆续固定在枝叶上为害，若遇到阴雨天气则会在母体介壳旁爬行较长时间，1～2天后才固定下来取食为害，固定后1～2小时蜡质即开始分泌，并逐步形成介壳。凭借风力、昆虫和人为活动等传播。雌成虫喜欢在叶片的背面取食，而雄成虫则更喜欢在叶片正面取食。发生严重的果园，枝条和叶片上的虫口数量多，可产生世代重叠现象。

防控措施：可参考褐圆蚧的防控措施。

龟蜡蚧

学名为 *Ceroplastes floridensis* Comstock，又称龟甲介壳虫、白蜡介壳虫、龟甲蜡虫，属半翅目蜡蚧科。

为害特点：若虫和成虫固定在叶片和枝条上吸取汁液，常导致落叶、落果，其分泌物常诱发煤烟病，影响植株光合作用和正常生长，枝条上布满蜡质层，导致树势衰弱。

龟蜡蚧

识别特征：卵椭圆形，长约0.25毫米，初产时为淡橙红色，后逐渐变为淡紫红色。若虫扁椭圆形，长约0.5毫米，淡红褐色，7～10天可形成蜡壳。雌成虫被覆一层厚厚的蜡质层，初期呈白色，后逐渐变为灰白色，似半球形。壳上蜡质物最后会变为淡黄色，表面呈龟甲状，蜡壳中央有1个角状突起，边缘有8个粗糙突起。老熟蜡壳角状突起渐渐消失，呈半球形，周围仅存8个黑纹。雄成虫淡红色，体长约1.1毫米，触角丝状，眼黑色。蛹褐色，梭形，长约1毫米。

发生规律：在福建1年发生1～2代，以雌成虫和少数三龄若虫越冬。越冬雌成虫于4月上旬开始产卵，4月中下旬为产卵盛期，5月为幼龄若虫盛期，若虫期有三龄。未发现雄性个体，孤雌生殖，繁殖力强。每只雌虫平均产卵500粒左右。雌蚧开始产卵后，蚧体腹面逐渐向背面凹进，直至贴在背面上。蜡壳下方呈半球形的空腔可装产下的卵。孵化后若虫从蜡壳下缝隙爬出至嫩枝、叶柄和叶面上固定取食，游动时间几小时或一天不等。固定后第2天开始分泌蜡质，3～4天后，虫体周围有星芒状蜡质突出现。一龄若虫喜在叶片上固定取食，常沿叶脉按顺序排列聚集。老龄若虫则大量迁至嫩枝上固定为害。

防控措施：第一代幼龄若虫还未分泌大量蜡质覆盖虫体时是防治的关键时期。因此，要把握5月上旬初孵幼龄若虫期。药剂选用可参考褐圆蚧的防控措施。

角蜡蚧

学名为*Ceroplastes ceriferus* Anderson，又称角蜡虫、白蜡蚧，属半翅目蜡蚧科。

为害特点：以成虫、若虫刺吸叶片、枝梢和果实的汁液，导致枝叶干枯，树势衰弱，果实品质不佳，严重发生时，还可诱发煤烟病。

识别特征：卵椭圆形，浅褐色。若虫红褐色，长椭圆形。雌成虫长8毫米左右，介壳灰白色，虫体红褐色，呈半球形，背面中央有角状突起，周围有8个角状的小

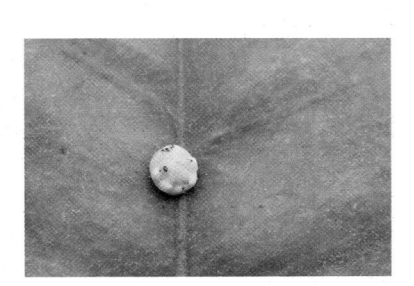

角蜡蚧

突。雄成虫体呈放射状，体长约1.3毫米，蜡壳较小，翅1对，半透明。

发生规律：1年发生1代，以受精雌成虫在寄主植物上越冬。翌年4—5月卵产于雌成虫体下，6月上旬开始孵化，多在晴天白天孵化，孵化后的若虫经短暂爬行后，固定在枝条或叶片上吸汁为害，固定后开始呈放射状分泌蜡质。9—10月雄成虫羽化，与雌成虫交尾。卵产于虫体腹面，随产卵量的增加，雌成虫腹面渐凹陷，用于藏卵。

防控措施：参考褐圆蚧的防控措施。

橘蚜

学名为*Toxoptera citricidus* Kirkaldy，又称腻虫，属半翅目蚜科。

为害特点：以成虫和若虫群集在蜜柚的嫩梢、嫩叶、花蕾和幼果上吸食汁液，在嫩叶上多群集在叶背为害。沿枝梢和叶脉排列取食，有时也布满整个梢和叶背，严重时受害梢叶畸形扭曲、黄化，不会卷缩成簇，也不形成卷叶，花蕾和幼果脱落；排泄的"蜜露"还会诱发煤烟病，影响树体光合作用，进而影响果实产量和品质。同时，橘蚜也是传播蜜柚衰退病的重要媒介昆虫之一。

蜜柚春梢上的有翅和无翅橘蚜

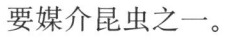

蜜柚春梢上的无翅橘蚜

识别特征：无翅胎生雌蚜，全体漆黑色，复眼红褐色，触角6节，灰褐色，体长约1.3毫米。足胫节端部及爪黑色，腹管呈管状，尾片乳突状，上生丛毛。有翅胎生雌蚜与无翅型相似，翅2对白色透明，前翅中脉分三叉，翅痣淡褐色。无翅雄蚜与雌蚜相似，全

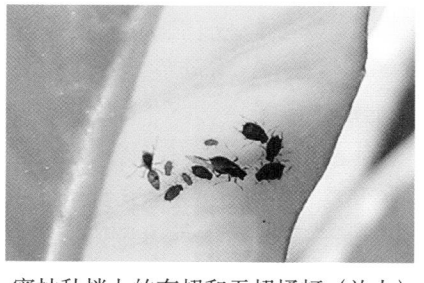

蜜柚秋梢上的有翅和无翅橘蚜（放大）

体深褐色，后足膨大。卵椭圆形，初为淡黄色渐变为黄褐色，最后为漆黑色，有光泽，体长约0.6毫米。若虫体褐色，复眼红黑色，有翅蚜若虫的翅芽在第三龄和第四龄时明显可见。

发生规律：在福建1年发生10～20代，世代重叠，越冬卵于翌年2月下旬至4月上旬孵化，成为无翅胎生若蚜，孵化的最适温度为24～27℃，孵化后的若蚜即可在春梢上吸食汁液为害，气温过高或过低，雨水多都不利于其生存和繁殖。当夏梢抽出时，则转至夏梢和幼果上为害，8—9月为害秋梢的嫩芽、嫩枝，春末夏初和秋季天气干旱时虫口数量大，危害严重。当环境条件不适宜或枝叶老熟时，产生的有翅蚜会迁飞到其他植株上继续为害，到了秋末，有翅雌蚜和有翅雄蚜交尾产卵后于枝条上越冬。夏季高温不利于其繁殖。该虫寿命短，死亡率较高。

防控措施：

（1）农业防治：冬夏结合修剪，剪除有虫、卵的枝梢，消灭越冬虫源，夏、秋梢抽发时，结合摘心和抹芽，切断其食物链，剪除全部冬梢和晚秋梢，压低过冬虫口基数。

（2）生物防治：保护和利用天敌。瓢虫（六斑月瓢虫、四斑月瓢虫、红肩瓢虫、点肩变型瓢虫）、草蛉、食蚜蝇、寄生蜂和寄生菌等都是防治蚜虫很有效的天敌，在园内尽可能采用挑治的办法，以保护利用天敌。

（3）物理防治：蚜虫具有很强的趋黄性，可在蜜柚园中利用黄色黏虫板控制有翅蚜，减少成虫基数，7月初和9月初在田间悬挂黄板，挂于通风透光处，距离地面1.5～2米的位置，每亩蜜柚园挂25～30块黄板。为了降低成本，可自制黄板（用10号机油乳剂加少许黄油调成黏油，7—10天重涂1次）。

（4）药剂防治：新梢有蚜株率20%以上，被害梢率25%以上时对中心虫株喷药或在有蚜梢涂刷药剂。药剂可选用10%吡虫啉可湿性粉剂2 000倍液、25%阿克泰水分散粒剂5 000～6 000倍液、22.4%螺虫乙酯悬浮剂4 000～4 500倍液、15%金好年乳油2 000倍液、20%好年冬乳油1 500～2 000倍液、3%啶虫脒乳油1 500～2 500倍液、1.5%苦参碱可溶液剂3 000～4 000倍液、0.3%印楝素乳油1 000～1 200倍液、2.5%鱼藤酮乳油600～1 000倍液、0.6%氧苦·补骨内酯水剂250倍液等。由于蚜虫天敌种类多，数量大，若天敌与蚜虫的比例大于1∶300时可以暂时不用药剂防治。

绣线菊蚜

学名为*Aphis citricola* Van der Goot，又称绿色橘蚜、卷叶蚜、雪柳蚜，属半翅目蚜科。

为害特点：成蚜、若蚜群集为害寄主植物的嫩芽、嫩枝、嫩叶背面，造成被害叶片反卷皱缩，严重时嫩芽不能正常生长，并分泌"蜜露"诱发煤烟病，阻碍光合作用，导致树势衰弱。此外，绣线菊蚜也是传播蜜柚衰退病的媒介昆虫之一。

绣线菊蚜

绣线菊蚜为害状（叶片卷曲）

绣线菊蚜为害状（叶片内卷）

春梢上的有翅绣线菊蚜

绣线菊蚜影响春梢生长

绣线菊蚜为害诱发煤烟病　　　　　　瓢虫取食绣线菊蚜

识别特征：绣线菊蚜分为无翅型和有翅型两种。无翅胎生孤雌蚜，卵圆形，体长1.5～1.8毫米，全身黄色至黄绿色或绿色，头部淡黑色，口器黑色。足与触角为淡黄色与灰黑色相间，腹部第5～6节之间黑色，体背网状纹。触角比体长短。腹管长于尾片，圆筒形，基部宽度约为端部宽度的2倍，有瓦状纹。有翅胎生雌蚜体长约1.7毫米，长卵形。复眼暗红色，头胸部黑色，腹部黄色或黄绿色，腹管和尾片黑色，腹部第2～4节背面两侧各有1对大黑斑，体表网状纹不明显。卵初为淡黄色，后变为漆黑色，椭圆形，若蚜虫体鲜黄色，似无翅孤雌蚜，触角、足、腹管均为黑色。有翅若蚜胸部较发达，翅芽1对。

发生规律：在南方1年发生20～30代，全年均可孤雌生殖。可在冬梢上繁殖，1月为第一个小高峰，一枝梢虫口可达十几头；3—5月为第二个高峰，为害最为严重，主要为害春梢和早夏梢，梢长10厘米以下最适合其吸食为害；第三个高峰在8—12月，为害秋梢和晚秋梢。无翅孤雌蚜喜群集在叶背为害，当新梢伸长老熟、长度超过15厘米后，或群体过于拥挤时，即大量产生有翅孤雌蚜，迁飞到较幼嫩的枝梢上或其他寄主上取食。其繁殖速度和嫩梢的数量、气候条件密切相关，干旱气候会加重受害的程度。在温度较低的地区，秋后产生两性蚜，后在植株上产卵越冬。

防控措施：参考橘蚜的防控方法。

麻皮蝽

学名为 *Erthesina fullo* Thunberg，又称黄斑蝽、臭屁虫，属半翅目蝽科。

为害特点：以成虫和若虫刺吸蜜柚叶片、嫩梢和果实的汁液，喜食近成熟期的果实，被害叶片黄化或脱落，幼果受害后果皮紧缩变硬，果实小汁液少，被害部位针眼大小的斑点逐渐变黄形成黄斑，黄斑不呈水渍状，果实品质变劣或引起落果。

蜜柚麻皮蝽

蜜柚麻皮蝽受惊吓后排出的臭液

识别特征：雌成虫体长20～25毫米，雄成虫体略小，体长18～23毫米，宽卵圆形，虫体黑色，密布不规则细小黄斑。头细长，向前端渐尖削，头中央有1条黄白色纵线，直贯小盾片基部。复眼黑色，单眼红色。触角黑色，第5节基部有一段为黄白色。前胸背板前缘有黄色的窄边，胸部腹面黄白色，节间黑色，口器较长，腹部背面两侧黑白相间。卵初孵化时为灰白色，后逐渐变为淡黄色，圆桶形，长约1.5毫米，顶端有圆形卵盖，锯齿状。一般以11～12粒为一卵块。若虫呈灰褐色或灰紫色，初孵若虫短椭圆形，后为扁平，老熟若虫为"枇杷"状，头部突出，从头后至小盾片端部有1条黄色线，线端有4个红点，后有1近半圆形黑色大斑，内有2个红点，胸部和革质部亦有若干红色点，从头至体缘具黄白色线。有臭腺可分泌臭液。

发生规律：1年发生2～3代。以成虫在温暖和荫蔽的杂草丛、树皮、缝隙等处越冬。翌年3月越冬成虫开始外出活动，4—5月产卵。卵产于叶片背面，排列成块，卵块常为12粒聚在一起，卵期为5～6天。初孵若虫围聚在卵壳四周吸食寄主汁液，使叶片呈现黑褐色斑点。若虫共有五龄，二龄以后分散为害。该虫喜欢隐蔽潮湿的环境，阴雨天气和晴天晚上较凉爽时在树梢外围可见，炎热天气或中午多藏于树梢内部。

防控措施：

（1）农业防治：冬季修剪疏枝，使蜜柚园通风透光，营造不利于害虫生长繁殖的环境条件，并清除果园内的枯枝落叶和杂草，刷白树干。

（2）物理防治：摘除叶片上的卵块，当在一株上发现1头若虫时，在树冠各处仔细查找其他若虫，彻底摘除；雨天或清晨露水未干时捕抓树冠外叶片上的成虫。

（3）生物防治：保护和利用天敌，如平腹小蜂、黑卵蜂、卵寄生蜂、黄猄蚁、草蛉、蜘蛛等，可在5—7月释放人工繁殖的寄生蜂。

（4）药剂防治：在初龄若虫盛发期、寄生蜂大量羽化前进行挑治，可选用拟除虫菊酯类的药剂喷雾，如2.5%溴氰菊酯乳油2 000 ～ 3 000倍液、20%氯氰菊酯乳油3 000 ～ 5 000倍液等。

平肩棘缘蝽

学名为*Cletus tenuis* Kiritshenko，属半翅目缘蝽科。

为害特点：以成虫、若虫为害蜜柚新抽发的嫩梢，刺吸汁液，导致新梢嫩枝凋萎，进而干枯。

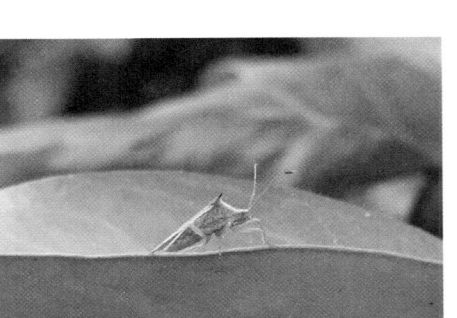

蜜柚平肩棘缘蝽刺吸春梢汁液　　　　　　　蜜柚平肩棘缘蝽

识别特征：卵近菱形，略扁，初为乳白色，后逐渐变为黄色。若虫初产时淡红色，后胸至腹末背面中央为浅褐色，后全体变褐色。成虫体长10.0 ～ 11.6毫米，腹部宽3.2 ～ 3.7毫米。体灰褐色或深褐色。头小，触角共5节，触角第1节与第3节约等长，第5节棍棒状，颜色与体色相同。前胸背板前后通常截然两色，背板后部平坦，侧叶不向上翘，侧角粗短，向两侧平伸；喙较长，常伸达后足基节中央，前足与后足腿节相似。

发生规律：1年发生2代，以成虫在寄主植物的枯枝落叶下或草丛里越冬，翌年3月上旬开始活动，4月中下旬交尾，5月上旬开始产卵。第一代若虫于5月中下旬至7月上旬孵出，6月上旬至8月上旬羽化。第二代若虫于7月上旬至9上旬初孵出，8月上旬至10月上旬羽化为成虫，10月中下旬后陆续进入越冬。

防控措施：参考麻皮蝽的防控措施。

黑蚱蝉

学名为*Cryptotympana atrata* Fabricius，又称知了、蚱蝉、蝉等，属同翅目蝉科。

为害特点：以成虫刺吸幼嫩枝梢的汁液，影响枝梢生长。雌成虫将产卵器刺破蜜柚当年结果母枝或夏梢枝条的表皮，深至木质部，造成爪状卵窝，将卵产于枝条内，使枝梢失水干枯死亡，导致枝条上的幼果干枯脱落，造成减产。若虫潜伏土中，终年吮吸植株根部汁液，导致树体衰弱。

识别特征：成虫黑色或黑褐色，有光泽，被金色细毛。雌虫体长38～42毫米，复眼淡黄褐色，头部中央及颊的上方有红黄色斑纹，触角短，刚毛状。中胸发达，背面宽大，中央高。雄虫45～48毫米，腹部1～2节有鸣器，膜状透明，能鸣叫。翅透明，基部1/3为黑色。前足粗，腿节发达、有刺。雌虫无鸣器，但听器和产卵器发达。卵细长，乳白色，长2.0～2.2毫米，宽0.5毫米，两端渐尖。初孵若虫乳白色，细如小蚁，体长2毫米。末龄

黑蚱蝉蛹壳

若虫黄褐色，体长35毫米，前足发达，复眼突出。

发生规律：发生1代需4～5年。成虫于每年5月下旬至8月出现，一般平均气温达22℃时，始见蝉鸣声。雌虫于6—8月产卵在枝梢的木质部内。卵窝为双行螺旋形沿枝条向上排列。每窝3～5粒，每枝平均被产卵100粒。一雌蝉产卵500～600粒。成虫寿命60～70天。卵在枝条内越冬，卵期长

达10个月左右，越冬卵于次年5月开始孵化，幼若虫落地后钻入土中，吸食树木根部汁液发育成长。老龄若虫会以土筑卵形"蛹室"，羽化时破室而出，爬上树干或枝条、叶片固定后从背部破皮羽化。

防控措施：

（1）农业防治。成虫有趋火光的习性，每年端午节后，成虫发生高峰期的夜间举火把在成虫集中栖息的地方，成虫被突然惊动后即向火光飞扑。被产卵的枝条在叶片枯萎未脱落时，即剪除集中烧毁。每年春季在黑蚱蝉羽化前进行松土，翻出蛹室清除若虫。

（2）物理防治。可在树干包扎一圈8～10厘米的塑料薄膜，阻止老熟若虫上树蜕皮。

（3）药剂防治。在成虫盛期可喷雾20%速灭杀丁乳油1 000～3 000倍液杀灭成虫。

蟪蛄

学名为 *Plary pleura kaempferi* Fabricius，又称皮皮虫、褐斑蝉、斑翅蝉，属半翅目蝉科。

为害特点：以成虫刺吸蜜柚枝梢汁液，影响枝条生长。雌成虫在枝条内产卵，致使枝梢失水干枯死亡。若虫吸吮树根汁液，导致树势衰弱。

识别特征：成虫体长约25毫米，黄褐色，具黑黄色斑纹，复眼黄褐色。前胸宽于头部，近前缘两侧突出，中胸中央无突起。前后翅均为膜翅，翅透明，翅脉暗褐色。前翅有不透明、深浅不同的暗褐色云状斑纹，后翅黄褐色。前足粗，腿节发达且有刺。卵为梭型，乳白色。若虫黄褐色，翅芽

蟪　蛄　　　　　　　　　　蟪蛄（背面）

和腹背略带绿色。

发生规律：发生1代需数年。成虫出现于5—6月，常见于平地和低海拔山地的蜜柚枝干上。具有趋光性，能鸣叫，但叫声不如黑蚱蝉等大型蝉响亮。每年6—7月产卵于枝条内，当年春梢枝条受害严重。产卵时以产卵器刺破韧皮部，将卵产在木质部中，卵窝以直线或螺旋排列，一般当年即可孵化。孵化后若虫落入土中通过吸食树根汁液获取营养，老熟后爬出地面，在树干、作物茎干上蜕皮羽化。

防控措施：参考黑蚱蝉防治。

白蛾蜡蝉

学名为 *Lawana imitata* Melichar，又称白鸡、白翅蜡蝉、青翅羽衣等，属半翅目蛾蜡蝉科。

为害特点：以成虫和若虫吸食蜜柚枝条汁液，使枝梢生长不良，叶片萎缩，幼果被害，造成落果，导致树势衰弱，受害枝干和叶片上可见棉絮状白色蜡质物，其排泄物还易诱发煤烟病。

白蛾蜡蝉成虫（白翅型）

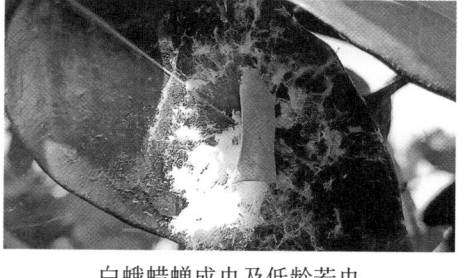

白蛾蜡蝉成虫及低龄若虫　　　　白蛾蜡蝉成虫群集在枝条上

识别特征：成虫体长 20 ～ 22 毫米，黄白色或碧绿色，被白色蜡粉，头部前突，复眼圆形、褐色，触角位于复眼下方，呈刚毛状。前胸背板较小，前缘向前突出，后缘向前凹进；中胸背板发达，上有 3 条纵脊。前翅略成三角形，呈黄白色网纹状，翅外缘平直，前缘成直角，后缘角锐而略向上突，翅面上有一个大的和几个较小的白点。后翅白或淡黄色，半透明。卵长椭圆形，淡黄白色，排成长条形。若虫白色，稍扁平，体布满棉絮状白色蜡粉。

发生规律：1 年发生 2 代，以成虫在茂密枝叶间越冬。翌年 3 月越冬成虫开始活动取食，并在 3 月下旬至 4 月进入产卵盛期，卵大多产于蜜柚嫩枝上。初孵若虫群集枝梢或叶片背面吸食汁液，并分泌白色棉絮状蜡质物覆盖虫体和周围的枝叶。白蛾蜡蝉受惊动时弹跳飞跃或落地。田间成虫全年可见，多时可见 10 ～ 20 头群集停歇，8—9 月为发生高峰期，若虫在 4 月下旬至 10 月均能见到。夏、秋两季雨水多，雨量大时，发生严重。

防控措施：

（1）农业防治：成虫盛发期用网捕杀。剪除过密枝条、虫卵枝和枯枝，集中烧毁。

（2）生物防治：保护和利用天敌，如黄斑啮小蜂、白蛾蜡蝉啮小蜂、赤眼蜂、黑卵蜂等。

（3）药剂防治：在成虫产卵前、产卵初期或若虫初孵期施药，可选用拟除虫菊酯类药剂 2 000 ～ 3 000 倍液、25% 噻嗪酮（优乐得、扑虱灵）可湿性粉剂 1 000 ～ 1 500 倍液或 50% 辛硫磷乳油 1 000 倍液进行喷施，同时喷布地面。

3.鳞翅目

潜叶蛾

学名为 *Phyllocnistis citrella* Stainton，又称鬼画符、潜叶虫、绘图虫，鳞翅目潜叶蛾科。

为害特点：潜叶蛾主要为害蜜柚嫩梢、嫩叶和幼果，其幼虫潜入叶表皮下蛀食，形成银白色弯曲的虫道，俗称"鬼画符"。虫道中间的 1 条黑色线为幼虫的排泄物，叶片受害一面的组织不能正常生长，而另一面叶组织可以正常发育，被害叶片卷曲、硬化、易脱落，不能充分发育，新梢生长受抑制，影响树势和翌年的开花结果。苗木和幼树受害，影响苗木质量和幼树树冠生长。受害叶片常是红蜘蛛、卷叶蛾等害虫的重要越冬场所。枝叶受害后形成的伤口，容易诱发溃疡病、炭疽病、黑点病等病害的发生，该伤口也容易成为附生绿球藻的寄生场所。

蜜柚春梢嫩叶背面潜叶蛾幼虫

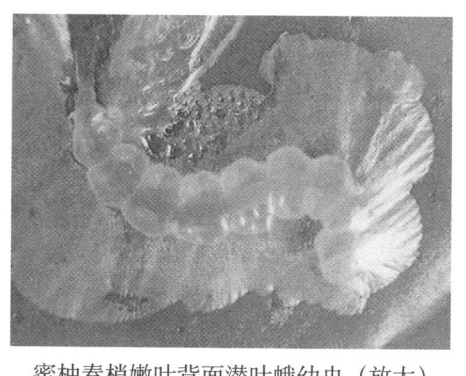

蜜柚春梢嫩叶背面潜叶蛾幼虫（放大）

蜜柚潜叶蛾成虫

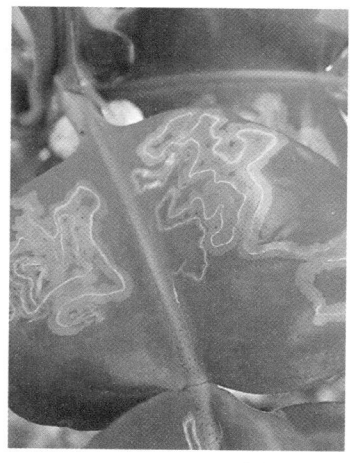

蜜柚潜叶蛾幼虫

识别特征：成虫为小型蛾，全身均为银白色，雌成虫体长1.5 ～ 1.8毫米，雄成虫体长1.6 ～ 1.7毫米。触角呈丝状有14节，前翅披针形，缘毛较长。后翅针叶形，缘毛较前翅长。卵扁圆形，光滑，长约0.3毫米，无色透明。初孵幼虫体黄绿色，足退化，老熟幼虫体扁平，纺锤形，长约4毫米，淡黄灰色，腹部末端尖细，具1对细长的铗状物。蛹为纺锤形，初蛹为淡黄色，后为深黄褐色，长约2.8毫米。

蜜柚苗木潜叶蛾为害状　　　蜜柚秋梢潜叶蛾为害状　　　蜜柚转绿春梢潜叶蛾为害状

潜叶蛾为害诱发炭疽病发生　　　潜叶蛾为害诱发炭疽病发生

　　发生规律：潜叶蛾是蜜柚抽梢期的主要害虫之一，蜜柚1年抽梢5～6次，均可为害。在南方地区1年发生15～16代，世代重叠，以老熟幼虫和蛹在蜜柚的秋梢或冬梢上越冬。3月在田间出现并为害，以7—9月夏秋梢抽发期为重,尤以秋梢最为严重。成虫白天潜伏不动,夜间活动时将卵散产于0.2 ~ 2.5厘米的嫩叶背面主脉两侧。幼虫孵化后咬破卵壳底部潜入嫩叶和嫩枝表皮下蛀食为害。四龄幼虫蛀食到叶缘处停止取食,将叶缘卷起包裹身体化蛹。幼树和苗木抽梢多且不整齐时为潜叶蛾提供丰富的食物来源,此时受害严重。

防控措施:

(1)农业防治:对于1 ~ 3年生幼树在5月下旬至6月上旬,夏梢抽发前施一次促梢肥,每株施尿素0.1千克、45%硫酸钾复合肥0.1千克;7月下旬至8月上旬秋梢抽发前每株施尿素0.2千克、45%硫酸钾复合肥0.2千克。及时摘除过早、过晚零星抽发的嫩梢,每隔5天摘除一次,连续进行2 ~ 3次,以刺激萌芽,使新梢抽发整齐、健壮。在夏秋季实施抹芽控梢,可以减少潜叶蛾幼虫的食物来源,降低虫口密度,也有利于集中喷药保梢。对结果柚树一般不保留夏梢,只在7月底至8月初放一次秋梢。

(2)生物防治:潜叶蛾的天敌有寡节小蜂、白星啮小蜂,草蛉、蚂蚁等。

(3)药剂防治:当夏、秋梢放梢后3 ~ 7天,大多数嫩芽长至3 ~ 5毫米时或新芽已萌发25%时第一次喷药,每隔10天喷1次,连喷2 ~ 3次。以防治成虫为主,在晴天傍晚喷药效果较好。选用具有触杀、薰杀作用的药剂,如38%克蛾宝乳油1 200 ~ 1 500倍液、30%吡虫啉微乳剂2 000倍液、10%吡虫啉可湿性粉剂2 000倍液、90%灭多威可溶性粉剂3 000 ~ 5 000倍液、20.5%阿维菌素·除虫脲悬乳剂2 000 ~ 4 000倍液等。对已潜入嫩叶的低龄幼虫,在晴天午后喷药,选用具有胃毒、渗透、薰杀功能的药剂,如2.5%甲维盐高氯微乳剂2 000倍液、2.5%敌杀死乳油2 000倍液。对于低龄幼虫的防治,应注意在早期新叶未展开前就要喷药,为确保防治效果,各药剂应轮换使用。

褐带长卷叶蛾

学名为 *Homona coffearia* Meyrick,又称柑橘长卷蛾、茶淡卷叶蛾、茶卷叶蛾、咖啡卷叶蛾,属鳞翅目卷叶蛾科。

为害特点:以幼虫为害嫩芽、叶片、花蕾和果实,并吐丝缀叶,幼虫藏于其中咬食叶片。随幼虫虫龄增长,缀叶更多,造成叶片生长受阻,甚至干枯,果实脱落。

褐带长卷叶蛾幼虫

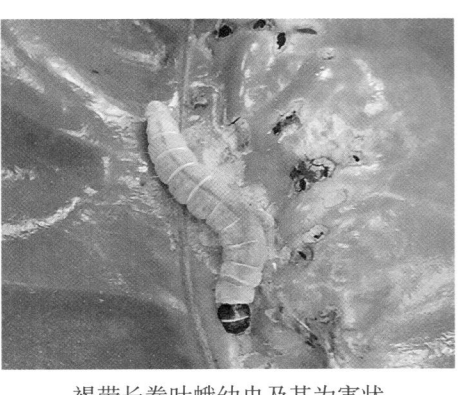

褐带长卷叶蛾幼虫及其为害状

褐带长卷叶蛾幼虫为害春梢

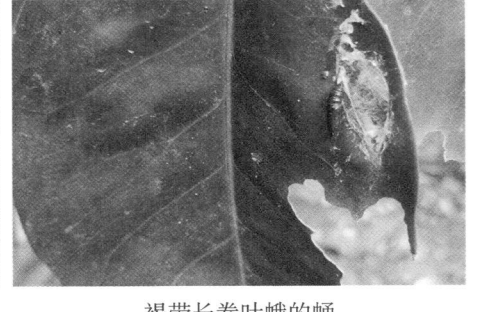

褐带长卷叶蛾的蛹

　　识别特征：卵椭圆形，淡黄色，常呈鱼鳞状排列成椭圆形，并被胶质物覆盖，卵块长约8毫米，宽6毫米。幼虫共有6龄。低龄幼虫体长1.2～1.6毫米，头黑褐色，腹部黄绿色，胸足和前胸背板淡黄色，老熟幼虫体长20～23毫米，体黄绿色，头部前胸背板黑色，头部褐色或黑褐色，头与胸相接处有1条白带，前、中足黑色，后足褐色，气门近圆形。成虫虫体暗褐色，头顶有浓褐色麟毛，胸部背面黑褐色，腹部黄白色。雌成虫体长8～10毫米，翅展25～30毫米，前翅暗褐色，近长方形，翅基部有黑褐色斑纹，前缘中央到后缘中后方有一深褐色宽带，翅尖深褐色，外缘具灰白色短绒毛，后翅为淡黄色，翅超过腹末。雄成虫比雌成虫略小，体长6～8毫米，翅展16～19毫米，前翅基部前缘和顶角深褐色，前缘中央有一黑色近圆形突出部分，停息时反折于肩角上，后翅淡灰黄色，翅仅能遮盖腹末。蛹体长8～13毫米，黄褐色。

发生规律：福建1年发生6代，多以老熟幼虫在叶片中卷叶或杂草中越冬，有世代重叠现象。福建3—5月第一代幼虫为害蜜柚春梢嫩叶和花蕾，6月以后转移为害夏梢。蜜柚谢花后至第二次生理落果期，是幼虫的盛发期。第一代幼虫出现在2月下旬至3月上中旬，咬食叶片、花蕾、花瓣，吐丝缀结花瓣并咬食子房，导致严重落蕾、落果。幼虫活跃且灵敏，遇惊扰迅速向后跳动或吐丝下坠逃走，随后又可循丝回到原处为害。一龄幼虫取食嫩叶背面，仅留下一层薄膜状的叶表皮，不久后表皮破损穿孔；一龄幼虫为害果实常在两果相贴近处或果实与枝叶靠近处吐丝将果实与枝叶连接，或吐丝粘在果皮上啮食表皮或躲在果萼里。二至三龄后幼虫蛀入果内，导致果实脱落，或转移到旁边的叶片上继续为害，或随幼果一道坠地。老熟幼虫食量大，常缀5 ~ 6片叶躲在其中为害。在高温高湿的环境下，幼虫的死亡率较高。成虫飞翔能力不强，日间常伏于叶片、枝条上，夜间进行活动时产卵，卵多产于叶正面主脉附近，成虫有较强的趋光性。

防控措施：

（1）农业防治：①抓好冬季清园工作，剪除藏匿越冬幼虫的卷叶、枯叶，减少虫源。②摘除卵块，捕捉幼虫。在幼虫发生期摘除叶面和挤压结缀的虫苞，将幼虫压死。清除被害果和落果，防止幼虫迁至落叶上化蛹。③蜜柚园避免种植卷叶蛾喜食的豆类及其他寄主植物。

（2）物理防治：成虫盛发期在蜜柚园安装频振式杀虫灯诱杀，也可用糖醋液诱杀（2份红糖、1份黄酒、1份醋和4份水）。

（3）生物防治：在3—5月幼虫蛀果盛期前，可用Bt（苏云金杆菌）乳剂800倍液或100亿/克的青虫菌1 000倍液进行防治。也可在卷叶蛾产卵前释放松毛虫赤眼蜂，每代放蜂3 ~ 4次。幼虫期天敌有绒茧蜂、绿边步行虫、食蚜蝇等。

（4）药剂防治：在花蕾至花期应掌握低龄幼虫发生状况及时喷药防治，在3月上旬至4月幼虫盛发期用药防治，药剂可选用1%甲氨基阿维菌素苯甲酸盐2 500倍液、90%敌百虫可溶粉剂800倍液、2.5%溴氰菊酯（敌杀死）乳油3 000 ~ 4 000倍液或其他拟除虫菊酯类药剂。

小黄卷叶蛾

学名为 *Adoxophyes orana* Fischer von Röslerstamm，又称棉褐带卷蛾、

苹果小卷蛾、茶小卷叶蛾等，属鳞翅目卷叶蛾科。

为害特点： 以幼虫为害嫩叶和果实，并吐丝缀叶，分散咬食叶片。随幼虫虫龄增加，缀叶更多，造成叶片残缺，生长受阻，甚至干枯，果实脱落。

识别特征： 卵扁椭圆形，淡黄色，以数十粒排列成块状，上面覆盖透明胶质。幼虫共5龄。头部除一龄为黑色外，其余均为淡黄褐色，前胸背板淡黄白色。幼虫低龄期黄绿色，老熟时为翠绿色。成虫体长6～10毫米，淡土黄色。前翅近长方形。翅面散生褐色细纹。雄成虫颜色较深，前翅有前缘褶，淡棕色到深黄色，斑纹褐色，后翅淡灰褐色，缘毛灰黄色。雌成虫后翅肩角前方有翅疆2枚。蛹体长8～10毫米，初为绿色，后逐渐转为褐色。

小黄卷叶蛾

小黄卷叶蛾成虫

小黄卷叶蛾幼虫为害春梢嫩叶

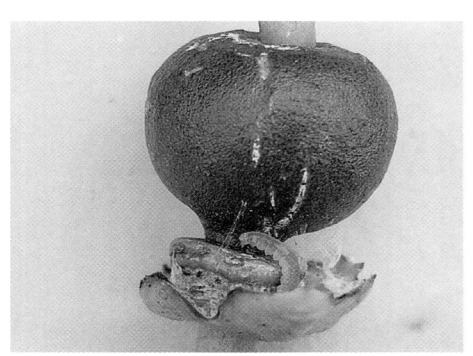

小黄卷叶蛾幼虫为害幼果

发生规律： 福建1年发生7代，多以幼虫在卷叶中越冬，遇冬季气温高的年份，越冬幼虫也能活动取食。翌年3月下旬羽化，产卵孵出幼虫。成虫白天潜伏在树丛中，夜间出来活动。雌成虫多于清晨和晚间7—9时羽化，雄成虫多在上午9—11时和下午3—5时羽化，羽化后当天即可进行交尾，交尾后4～6小时即可产卵。孵出的幼虫非常活泼，借吐丝和爬行分散，将叶片缀合一起躲藏其中取食嫩叶和幼果。

防控措施：参考褐带长卷叶蛾防治。

玉带凤蝶

学名为*Papilio polytes* Linnaeus，又称黑凤蝶、白带凤蝶，属鳞翅目凤蝶科。

为害特点：以幼虫为害芸香科植物的新梢、嫩叶，常将嫩叶、嫩梢吃光或造成缺刻，严重时果园嫩梢可被吃光，影响枝梢的抽发和树冠的形成。

玉带凤蝶卵产于叶片边缘（初产）

玉带凤蝶二龄幼虫

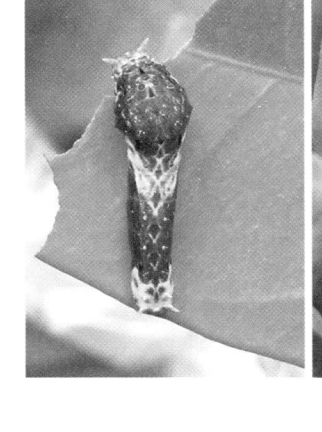

玉带凤蝶三龄幼虫

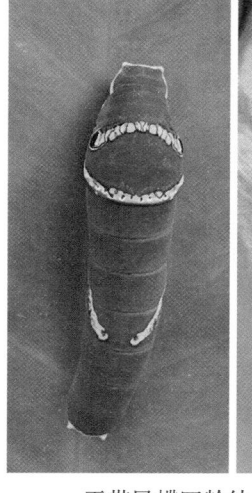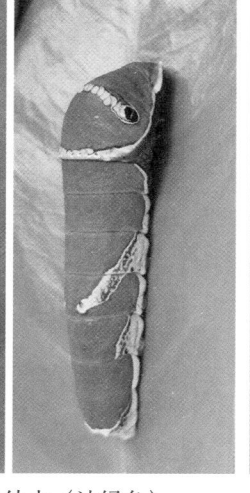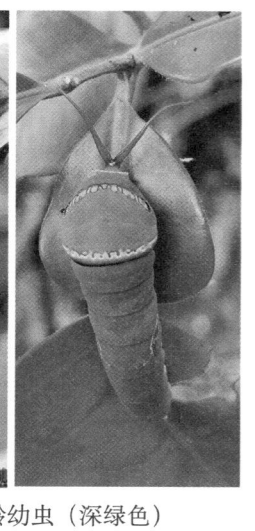

玉带凤蝶四龄幼虫（油绿色）　　　　玉带凤蝶五龄幼虫（深绿色）

识别特征：成虫通体黑色，体长26～32毫米，翅展90～100毫米。头大，触角棒状，胸部背面有10个小白点排成2纵列。雄成虫前翅外缘有7～9个黄白色斑点，愈近臀角者愈大。后翅外缘呈波浪形，有一处突出如燕尾状。翅中部有黄白色斑7个，前后翅斑连接形成似白带，故称玉带凤蝶。雌成虫有2种类型，一种称Cyrus型，与雄虫相似，但后翅近外缘处有半月形深红色小斑点数个，或于臀角上有一深红色眼状斑。另一种称Polytes型，其前翅外缘无斑纹，后翅外缘内侧有横列的深红色半月形斑6个，中部还有4个大型黄白色斑。卵圆球形，表面光滑，直径约1.2毫米。初产时淡黄色，后变为深黄色，近孵化时变为灰黑色或紫黑色。幼虫共有5龄，一龄灰黄色，二龄黄褐色，三龄黑褐色，前三龄虫体上有肉质突起，似鸟粪状；四龄油绿色，五龄深绿色，老熟幼虫体长33～43毫米，前胸有紫红色丫状臭腺1对，后胸背前缘有一齿状的黑色横纹，两侧有黑色的眼状纹，有6个腹节，第6腹节两侧下方有近似长方形的斜行花带，臭腺紫红色。蛹体色多变，有绿色、灰褐色、灰黄色、灰黑色等，似菱角状，头棘分叉向前突出，胸、腹相连处向背面弯曲。

发生规律：在福建1年发生4～6代，世代重叠，以蛹附着在蜜柚和其他寄主植物的枝干及叶背等隐蔽处越冬。3—4月可见成虫出现，3—11月均有幼虫发生，可为害春梢，但以为害夏梢和秋梢为主，一般5月下旬、6月下旬、8月上旬和9月中旬是发生高峰期。成虫白天活动交尾，飞行力强，喜食花蜜。交尾后当日或隔日即可产卵，卵多散产于枝梢的嫩叶尖部或嫩叶边缘，每叶一般只产1粒。初孵幼虫先食卵壳，再取食叶肉。随虫龄增加，食量逐渐增大，常将叶肉吃光，只剩下主脉或叶柄，五龄幼虫24小时内可吃掉5～6片叶子，吃光嫩叶后转食老叶，对幼树、幼苗和嫩梢为害很大，严重影响树体长大及树冠形成。老熟幼虫常在被害枝梢下方或枯枝、枝干上吐丝固定住尾部蜕皮化蛹。

防控措施：

（1）农业防治：成虫在早晨露水未干前多静止于枝叶上，白天则在果园、花圃、菜地和其他蜜源植物上飞舞，可用捕虫网捕捉。新植果园，可在成虫产卵时摘除卵粒，常巡果园，见到幼虫和蛹及时捉除。

（2）生物防治：保护和利用天敌，如赤眼蜂和凤蝶金小蜂可寄生于凤蝶的卵和蛹体，对夏、秋梢凤蝶的控制有一定的作用，因此在药剂防治和人工捕杀时应注意保护。另外，一些鸟类和甲虫（如黄斑青步甲）也是鳞翅目幼虫的主要天敌。

（3）药剂防治：在幼虫低龄期进行防治，并与其他害虫的防治同时进行。防治凤蝶的有效药剂包括Bt（苏云金杆菌）制剂（每克100亿个孢子）200～300倍液、10%吡虫啉可湿性粉剂3 000倍液、25%除虫脲可湿性粉剂1 500～2 000倍液、10%氯氰菊酯乳油2 000～4 000倍液、2.5%溴氰菊酯乳油1 500～2 500倍液、2%甲氨基阿维菌素苯甲酸盐1 500～2 000倍液、90%敌百虫晶体800～1 000倍液、0.3%苦参碱水剂200倍液等。

美凤蝶

学名为 *Papilio memnon* Linnaeus，又称多型蓝凤蝶、大凤蝶，属鳞翅目凤蝶科。

为害特点：幼虫咬食蜜柚的叶片，使叶片缺刻，为害严重时，叶片被咬食得只剩下主脉部分。

识别特征：卵与玉带凤蝶相似，球形，橙黄色。幼虫共5龄，绿色，高龄幼虫体长50～60毫米。前胸背板有一灰蓝色膜状物，后胸前缘两侧各有1个绿、白杂色的眼斑，后缘有锯齿状线。成虫分两种，有燕尾型和无燕尾型。雌成虫翅展140毫米，前翅基部有1个长三角形橙红色斑，翅脉明显。雄成虫正面蓝黑色，基部深红色。蛹有两型，分别为暗灰色型和绿色型，暗灰色型杂以黑色斑纹，绿色型则有褐色斑纹。

| 美凤蝶蛹（正面） | 美凤蝶蛹（背面） |

发生规律：1年发生多于3代，以蛹在枝梢越冬。卵单粒产于蜜柚的嫩叶上，老熟幼虫在小枝条上或其他植物枝叶上化蛹。雄成虫有很强的飞翔能力，多在空旷的地方飞舞，采集花蜜；雌成虫则飞行缓慢，常以滑翔式飞行。

防控措施：

（1）农业防治：①人工捕捉成虫，在羽化盛期的早晨露水未干时及傍晚捕捉刚羽化的成虫，此时成虫一般在蜜柚树冠下部或蜜柚园边上的灌木或绿肥叶片上停息。白天可用捕虫网，也可在网内固定一只成虫，以性引诱的方法网住其他成虫。②在种植幼年树的果园可用人工抹除卵粒、捕捉幼虫和清理蛹相结合的办法，可降低化学农药的使用量。

（2）生物防治：保护和利用天敌，如寄生卵粒的赤眼蜂、凤蝶金小蜂及一些啄食的鸟类等。

（3）药剂防治：在幼虫期药剂可选用Bt（苏云金杆菌）制剂（每克100亿个孢子）200～300倍液、0.3%苦参碱水剂200倍液、10%吡虫啉可湿性粉剂3 000倍液、10%氯氰菊酯乳油2 000～3 000倍液、2%甲氨基阿维菌素苯甲酸盐1 500～2 000倍液等。

油桐尺蠖

学名为 *Buzura suppressaria* Guenée，又称柑橘尺蠖、大尺蠖等，属鳞翅目尺蛾科。

为害特点：以幼虫啮食蜜柚叶片，造成叶片缺刻。低龄幼虫喜咬食叶背的叶尖部位，咬食后只剩薄薄一层表皮，严重发生时，蜜柚叶尖似被火烧焦状。老熟幼虫咬食叶片，啮食后只剩主脉，严重时叶片全被吃光，只存秃枝和一些叶片主脉。

油桐尺蠖幼虫

识别特征：卵块产于叶片的背面，长椭圆形或不规则形，上覆盖浅褐色厚绒毛，卵粒约0.8毫米。初孵幼虫为灰褐色，老熟幼虫的体色可随取食周围环境的不同而发生相应变化，老熟幼虫体长55～60毫米。头部棕色，密布小斑点，额两侧向前凸出，后两侧有锥状突起。头部中央往下凹陷，胸足3对，腹部第6节有1对腹足，尾足1对，气门紫红色。雌成虫体呈灰白色，体长20～25毫米，翅展60毫米，腹面棕黄色，触角丝状，翅灰白色，上密布许多小黑点。雄成虫较小，体长20毫米左右，翅展50～55毫米，触角羽毛状。蛹黑褐色，具有光泽，长20～25毫米。腹部末节具臀棘，臀棘基部两侧各有一突出物。

发生规律：在福建1年发生2～3代，以蛹在土壤中越冬。翌年3月下旬至4月上旬羽化，6月中旬至7月上旬为第二、第三代幼虫发生期。8月上旬开始为第三代幼虫发生期，主要为害秋梢，第四代幼虫发生于9月中下旬。成虫白天静栖在叶片、树干和大枝处，卵为长块状或半块状，上覆盖厚绒毛，堆叠成堆。初孵幼虫钻出卵块，吐丝飘移，分散在枝梢的叶片上，随即咬食叶尖背面的叶肉，留下网状脉和上表皮，受害叶尖干枯似被火烤。蜕皮后的幼虫从叶缘处开始咬食，受害叶片呈缺刻状，幼虫被干扰时可挂丝下垂转移至别处。随着幼虫成熟，其食量大增，每天可吃8～12片叶子，

吃光全部叶肉，仅留主脉，其体色与枝条颜色相近。化蛹前沿枝干向下爬或吐丝下坠，钻入树盘土壤浅层1～3厘米处化蛹。

防控措施：

（1）农业防治：①雨后羽化出土的成虫多，主要停留在树干或叶片上，以及蜜柚园边的防风林树干上，最好用竹竿扎几条小竹枝于大雨之后及时进行扑打。②幼虫化蛹的范围主要在距离蜜柚树主干80厘米处的土壤中，可浅翻松土检查虫蛹。③经常查看蜜柚园，及时捕捉躲藏在小枝杈上的老熟幼虫。

（2）药剂防治：在幼虫低龄期，可选用的药剂有拟除虫菊酯类和有机磷类药剂，如20%甲氰菊酯（灭扫利）乳油3 000～4 000倍液、2.5%溴氰菊酯乳油2 000～3 000倍液、35%克蛾宝（阿维·辛硫磷）乳油1 200～1 500倍液、2%甲氨基阿维菌素苯甲酸盐1 500～2 000倍液等。

大造桥虫

学名为 *Ascotis selenaria* Schiffermüller et Denis，又称棉大造桥虫，属鳞翅目尺蛾科。

为害特点：主要以幼虫咬食蜜柚的叶片和幼果，导致叶片缺刻，幼果脱落，严重为害时可导致树势衰弱，产量减少。

大造桥虫幼虫

识别特征：卵长椭圆形，青绿色，上有深黑色与灰黄色的花纹。老熟幼虫体长40～50毫米，黄褐色或褐绿色，头较小，头顶两侧各具1个黑点。第2腹节背面有1对较大的棕黄色瘤突，第8腹节也有同样的1对瘤突，略小。第3、4腹节具黑褐色斑，气门黑色，胸足3对，褐色。腹足和尾足各1对。雌成虫体长约18毫米，雄成虫约16毫米。体色变化较大，有黄白色、浅灰褐色、淡黄色等，以浅灰褐色为主，遍布灰黑色和淡黄色小鳞毛。雌成虫触角为丝状，暗灰色，雌成虫羽毛状，呈淡黄色。前翅正面暗灰色，杂以黑褐色及淡黄色鳞粉，底面银灰色。内横线、外横线及亚外缘线呈黑褐色锯齿状，内、外横线间有一白色斑，斑的四周黑褐色。后翅外横线呈锯齿状，内侧灰黄色。蛹长约18毫米，棕褐色有光泽，臀棘末端二叉。

发生规律：福建1年发生5代，以蛹在树下5～10厘米土壤中化蛹越冬。翌年第一代幼虫3—4月出现，5月下旬至9月上旬幼虫为害最严重。该虫杂食性强，成虫白天潜伏在树干或房屋墙基阴暗处，晚上爬至树上交尾，产卵于树皮缝隙中，卵块上覆盖有雌虫尾端绒毛。初孵幼虫吐丝随风飘散在蜜柚叶片上，取食叶肉，只留表皮，随虫龄增长，食量增大。咬食幼果，只留少量果皮，或将大部分果肉吃掉，导致幼果残缺而脱落。幼虫停息时，以胸足和尾足固定在树的枝条分叉处，呈搭桥状。老熟幼虫沿树干爬向地面或吊丝下坠落地，钻入土中经预蛹后化蛹。

防治措施：参考油桐尺蠖的防控措施。

大钩翅尺蛾

学名为 *Hyposidra talaca* Walker，又称柑褐尺蛾，属鳞翅目尺蛾科。

为害特点：以幼虫为害叶片，造成叶片缺刻或只剩叶脉。

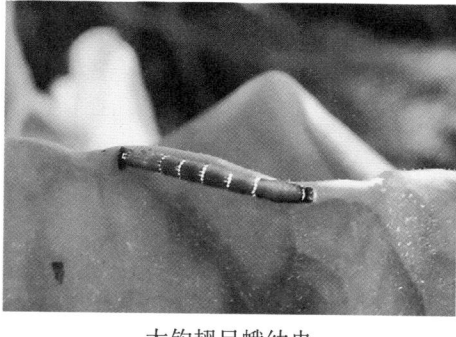

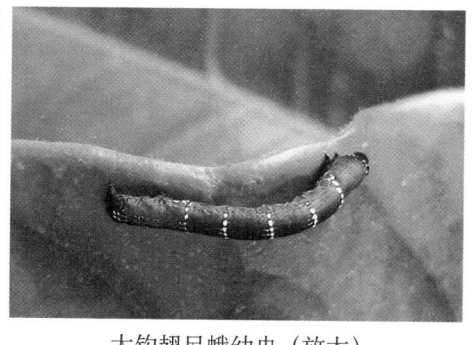

大钩翅尺蛾幼虫　　　　　　　　　大钩翅尺蛾幼虫（放大）

识别特征：幼虫形态与大造桥虫相似，但在第2和第8腹节背面无瘤突，且在第2～7腹节各有1条点状白线横纹，低龄幼虫呈暗黑褐色，各腹节的点状白色线明显。胸足3对，第6腹节足1对和尾足1对。成虫体呈深灰褐色，前、后翅均有2条贯穿前后的赤褐色被状线，线内侧有赤褐色斑纹与波状线，前翅后缘有弧形凹陷，使顶角向后弯。雌成虫触角丝状。卵在腹腔内，串珠状。

发生规律：田间于夏秋季多见，与大造桥虫同时发生。

防控措施：参考油桐尺蠖防治。

双线盗毒蛾

学名为 *Porthesia scintillans* Walker，又称毛虫，属鳞翅目毒蛾科。

为害特点：主要以幼虫咬食嫩芽、嫩叶，造成叶片缺刻或只存叶脉。还可咬食花和幼果，导致落花落果。

识别特征：卵扁圆球形，块状，上面覆盖黄褐色绒毛。老熟幼虫体长20～28毫米，头部浅褐色至褐色，前中胸及第3～7腹节和第9腹节背线为黄色，中央以一红线贯穿。后胸红色，第1腹节、第2腹节和第8腹节背面有黑色绒球状短毛簇，体被稀疏灰白色长毛。雌成虫体长12～13毫米，翅展20～36毫米，雄虫比雌虫略小一点，体土黄褐色。前翅黄褐色至赤褐色，上面散布深褐色小鳞点。蛹圆锥形，长约13毫米，褐色。

   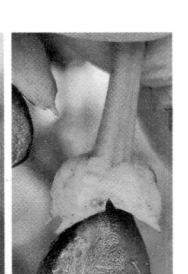

双线盗毒蛾幼虫（侧面）　双线盗毒蛾幼虫（正面）　双线盗毒蛾幼虫为害幼果及幼果为害状

双线盗毒蛾幼虫为害刚抽发春梢　　　　　双线盗毒蛾幼虫为害花蕾

发生规律：1年发生4代左右，以幼虫在树皮缝隙越冬。成虫有趋光性，卵产于叶片背面，刚孵化幼虫在叶背群集取食叶肉，造成叶片缺刻或只剩下上表皮，老熟幼虫则分散各处为害。开花期咬破花蕾、花瓣，幼果期则咬食幼果。老熟幼虫在表土化蛹。

防控措施：

（1）农业防治：冬季蜜柚园浅层松土，人工拾蛹，冬季清园注意喷湿树干缝隙处。

（2）药剂防治：在幼龄期防治，可选用有机磷类和拟除虫菊酯类的杀虫剂，如20%甲氰菊酯（灭扫利）乳油3 000～4 000倍液、2%甲氨基阿维菌素苯甲酸盐1 500～2 000倍液等。也可选择其他杀虫剂。

鹿蛾

学名为*Ctenuchidae*，属鳞翅目鹿蛾科。

为害特点：主要以幼虫咬食嫩芽、嫩叶组织，造成叶片成缺刻。成虫吮吸花蜜，导致落花。

识别特征：初龄幼虫体长2.0～2.2毫米，头深绿色，体黄褐色，各体节毛瘤上着生1～2根刺毛，腹足淡褐色。老熟幼虫体长22～29毫米，头橙红色，胸部

鹿蛾成虫

各节有4对毛瘤，腹部第一、二、七腹节各有7对毛瘤，第三至第六腹节各有6对毛瘤。雌成蛾体长12～15毫米，翅展31～40毫米；雄成蛾体长12～16 mm，翅展28～35 mm。体黑褐色。触角丝状，黑色，顶端白色。头黑色，额橙黄色。卵椭圆形，初产乳白色，孵化前变为褐色。蛹纺锤形。

发生规律：1年发生3代，以幼虫在树皮缝隙越冬。翌年3月上旬越冬幼虫开始取食活动，4月中旬开始化蛹，5月上旬成虫羽化。第一代幼虫于5月中旬孵出，第二代幼虫于8月上旬孵出，第三代幼虫于10月中旬孵出。成虫多在12—17时羽化，羽化后2～3小时开始飞翔活动，吮吸花蜜。成虫白天活动频繁，无趋光性。羽化后第二天开始交尾，交尾多在15—18时。雌蛾一生交尾1次。交尾后第二天开始产卵。卵多产在嫩叶背面或嫩梢上，排列整齐。卵分2～3次产完，第一次产卵最多。卵经4～9天孵化，以1—3时孵化最多。幼虫7龄，少数8龄。初孵幼虫先食卵壳，然后群集于嫩叶上，取食叶肉组织。二龄后开始分散为害，食叶呈缺刻状。五龄后幼虫食量较大，转至枝梢为害。六至七龄幼虫食量最大。老熟幼虫化蛹前停止取食，爬向枝梢端部，吐少量丝缠绕于枝叶及虫体上，悬挂于小枝上。预蛹期2～3天，蛹期8～16天。

防控措施：

（1）农业防治：冬季果园浅层松土，人工拾蛹，冬季清园注意喷湿树干缝隙处。

（2）生物防治：使用寄生性天敌，如稻苞虫黑瘤姬蜂、广黑点瘤姬蜂、伞裙追寄蝇等寄生卵，或于5—6月在田间喷施白僵菌，防治幼虫。

（3）药剂防治：主要在幼龄期防治，药剂参考双线盗毒蛾。

4.缨翅目

蓟马

学名为 *Scirtothrips citri* Moulton，又称橘蓟马，属缨翅目蓟马科。

为害特点：嫩叶受害后叶片扭曲变形，叶肉变薄，叶片变硬容易碎裂、脱落，叶脉两侧会呈现灰白色或灰褐色；花受害，造成落花落果；幼果受害，使果皮油胞破裂，逐渐失水干缩，出现不同形状的银灰色或灰白色的木栓化疤痕斑，表面粗糙。蓟马喜在幼果的萼片或果蒂周围取食，有少部分在果腰处取食为害，随着果实膨大，疤痕斑也随之扩展，严重影响果实的外观品质，影响销售。

蜜柚蓟马成虫为害花蕾

蜜柚蓟马成虫

蜜柚蓟马成虫和若虫

蓟马为害幼果，造成严重落果

蓟马为害幼果

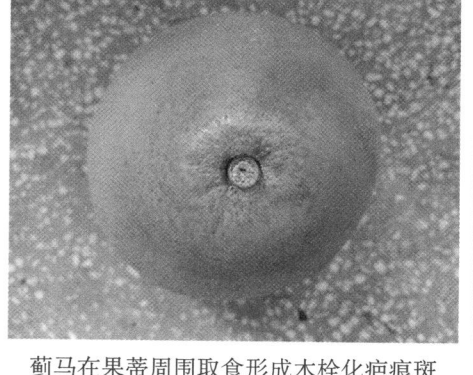
蓟马在果蒂周围取食形成木栓化疤痕斑

木栓化疤痕斑随着果实膨大而扩展

识别特征：成虫为纺锤形，体长约1毫米，淡橙黄色，体表有细毛。触角8节，头部刚毛较长。前翅有纵脉1条，翅上缨毛很细。腹部较圆。卵为肾脏形，长约0.2毫米，极细。幼虫共2龄，一龄幼虫体小，淡黄色；二龄幼虫大小与成虫相近，无翅，老熟时琥珀色，椭圆形。幼虫经预蛹（三龄）和蛹（四龄）羽化为成虫。

果园悬挂蓝板诱杀蓟马

发生规律：在气温较高的地区1年可发生7～8代，以成虫或卵在受害的茎或叶组织内、土壤表皮层中越冬。次年2月下旬至4月越冬卵孵化为幼虫，在嫩叶和幼果上取食。成虫产卵于花瓣、萼片和幼果等位置，若虫孵化后在幼果萼片下取食。田间4—10月均可见，但以谢花后至幼果直径4厘米期间为害最严重。第一、二代发生较整齐，是主要为害世代，世代重叠明显。以二龄幼虫为主要取食虫态，谢花后至幼果膨大前期是防治的关键时期。老熟幼虫在地面或树皮缝隙中化蛹；成虫在晴天的中午活动最盛，成虫在嫩叶、嫩枝和幼果组织内产卵；成虫春季寿命为35天左右，夏季为20～28天，秋季为40～73天，雄成虫的寿命较雌成虫短。

防控措施：

（1）农业防治：科学肥水管理，促使植株生长健壮，减轻损害，干旱时及时灌水。在蓟马发生期进行地面覆盖或生草。

（2）物理防治：利用蓟马趋蓝色的习性，在田间设置蓝色粘板，诱杀成虫，一般在3—4月花期及幼果期，距离地面1.5米通风透光处悬挂蓝板，每亩蜜柚园挂25～30块蓝板，山坡地可适当减少悬挂的板数。为了降低成本，可自制黄板（用10号机油乳剂加少许黄油调成黏油，7～10天重涂1次）。

（3）药剂防治：加强蜜柚开花至幼果期的虫口监测，谢花后发现有5%～10%的花或幼果上有虫时，或幼果直径达2厘米后有20%的果实上有虫时，应及时喷药防治。药剂可选用22.4%螺虫乙酯悬浮剂2 000 ～ 2 500倍液、10 % 烯 啶 虫 胺 水 剂2 000 ～ 3 000倍液、25 % 吡 蚜 酮 悬 浮 剂1 500 ～ 2 000倍液、25%噻虫嗪悬浮剂1 000 ～ 1 500倍液、60g/L乙基多杀菌素3 000倍液、5%丁烯氟虫氰悬乳剂2 500倍液、10%吡虫啉可湿性粉剂3 000 ～ 4 000倍液、2.5%溴氰菊酯乳油3 000 ～ 4 000倍液等。在蜜柚春梢萌芽后开花前喷1 ～ 2次，谢花后至幼果期喷药1 ～ 2次，每次蜜柚园地面土壤需同时喷雾，还可兼治蚜虫、木虱等害虫。

5.双翅目

芽瘿蚊

学名为*Contarinia* sp.，属双翅目瘿蚊科。

为害特点：为害刚抽发的春梢嫩芽，以幼虫钻入刚萌发的嫩芽中为害，受害幼芽肿大呈虫瘿状，经过10天后变黄萎或霉烂，或嫩叶叶柄变形，导致新梢不能正常抽生和开花。

蜜柚芽瘿蚊为害春梢叶柄变形

蜜柚芽瘿蚊为害春梢

识别特征：雌成虫淡橙红色，体长1.2 ～ 1.5毫米，体密被细毛。复眼肾形，黑色。雄成虫黄褐色，略小于雌成虫。触角17节，基部2节较短。卵长椭圆形，表面光滑，长约0.5毫米，初产时乳白色，后逐渐变为紫红色。老熟幼虫体长3 ～ 4毫米，乳白色，纺锤形。雌蛹体长1.5毫米，雄蛹体长1.2毫米。复眼黑色，有光泽，足与翅芽黑褐色。雌蛹后足长达第5腹节前段，雄蛹后足超过体长。

发生规律：1年发生4代，田间世代重叠，以老熟幼虫在表土1～2厘米内活动和化蛹，幼虫能结茧以抵御不良环境。第一代成虫于1月中下旬至3月出现，为害刚抽发春梢；第二代成虫于6月出现，为害刚抽发夏梢；第三代成虫于8月出现，为害刚抽发秋梢；第四代成虫于10—11月发生，在田间杂草上为害并越冬，不形成虫瘿。成虫白天活动，一生可多次交配，卵主要产在健壮的嫩芽上。每个叶柄瘤内有1～2头幼虫，叶片内有1～6头幼虫，被害部位黄绿色。4月前被害嫩芽呈枯萎状，不久后脱落；随着温度的升高，湿度大时受害嫩芽多发霉腐烂。田间温度上升至15℃以上即可见被害嫩芽干枯。

防控措施：

（1）农业防治：冬、春季结合施用基肥浅耕树冠下及周围土壤，破坏其越冬场所，春季及时摘除被害芽，集中消灭幼虫。对于新植苗木要注意观察是否有虫瘿及根系带土传播的情况。

（2）药剂防治：在早春春梢萌芽期田间出现成虫时及时进行树冠喷雾，可选用有机磷类和拟除虫菊酯类药剂，如2.5%溴氰菊酯（敌杀死）乳油2 500～3 000倍液、20%氯氰菊酯3 000～5 000倍液等。同时在越冬代成虫出土前（萌芽前期）或幼虫入土初期（芽烂初期）对地面进行喷雾。

花蕾蛆

学名为 *Contarinia citri* Barnes，又称花蛆、包花虫、灯笼花等，属双翅目瘿蚊科。

为害特点：成虫多在花蕾开始露白时产卵，将卵从其顶端产于花蕾中。幼虫在花蕾内蛀食其组织，使花药花丝成褐色。有虫花蕾外形较正常花蕾短，但横径显著增大，形成灯笼花。花瓣略带绿色，并有分散绿色小点，导致被害花蕾不能正常开花和授粉，最后枯萎脱落，严重影响产量。

识别特征：雌成虫体长1.5～1.8毫米，黄褐色，体形似小蚊，虫体长有黑褐色细毛。复眼黑色，触角14节，念珠状。翅膜质透明，呈金属闪光。足黄褐色。腹部10节，第九节为针状的伪产卵管。雄成虫体长1.2～1.4毫米，触角为哑铃状。腹部9节，有1对抱握器。卵长约0.15毫米，一端有1根胶质细丝，长椭圆形。幼虫黄白色，蛆形，分为3龄，老熟时变为橙黄

蜜柚花蕾蛆为害花蕾导致不能正常开花　　　　　　　　花蕾蛆成虫

色。蛹体长约1.8毫米，初为乳白色，后逐渐变为黄褐色，纺锤形，外有黄褐色的半透明胶质茧壳，近羽化时复眼和翅芽变为黑色。

发生规律：1年发生1代，少数2代，以老熟幼虫在树冠下表土壤中越夏和越冬。在树冠周围30厘米内外、6厘米土层内虫口密度最大。3月越冬幼虫脱茧上移至表层，重新做茧化蛹，3—4月羽化出土，雨后最盛。花蕾露白时，正值顶端最松软，最适于成虫产卵，卵产于花蕾内，散产或将数粒排列成堆。卵3～4天后孵化，幼虫在花蕾内为害10余天，使花瓣变厚，花丝、花药缩短，变成褐色，并在花蕾上产生大量的黏液，以适应干燥的环境，老熟幼虫在清晨或阴雨天脱蕾入土结茧，以阴雨天脱蕾入土最多。幼虫可在水中存活20天以上，随水流传播。阴雨天有利于成虫出土，成虫多于早、晚活动，以傍晚最盛，飞行能力弱，羽化后1～2天即可交配产卵。一般阴湿低洼果园发生较多，壤土、砂壤土有利于幼虫存活，发生较多。

防控措施：

（1）农业防治：人工及时摘除被害花蕾，集中用石灰或杀虫剂处理；冬季在树冠滴水线内外35厘米进行浅翻，并撒石灰，破坏土壤中越冬幼虫的生活环境，减少虫口基数。

（2）物理防治：在花蕾蛆成虫出土前对果园地面进行薄膜覆盖，闷死成虫于地表。

（3）药剂防治：在成虫羽化出土前或幼虫入土初期于果园地面施药，用2.5%溴氰菊酯乳油2 000～3 000倍液喷洒1～2次。在花蕾2毫米左右由青转白阶段或花蕾蛆成虫已出土至产卵前进行树冠喷药防治，可选用

10%吡虫啉可湿性粉剂1 500 ～ 2 000倍液、20%氯氰菊酯3 000 ～ 5 000倍液喷洒树冠1 ～ 2次。

桔小实蝇

学名为*Bactrocera dorsalis* Hendel，又称东方实蝇、果蛆、果蝇、黄苍蝇，属双翅目实蝇科。

为害特点：该虫主要以成虫产卵于果实内，幼虫蛀食果肉和组织，引起果实未熟先黄，流胶，果肉腐烂，造成严重落果。

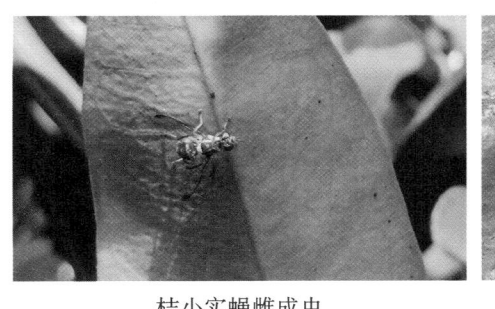

桔小实蝇雌成虫

桔小实蝇雄成虫

识别特征：成虫体长6 ～ 8毫米，翅展15 ～ 16毫米，全体深黑色和黄色相间。胸部共有鬃11对，多为黄褐色，包括肩板鬃2对，背侧鬃2对，前翅鬃1对，后翅鬃2对，中侧板鬃1对，翅侧片鬃1对，小盾前鬃1对，小盾端鬃1对。腹部黄色，椭圆形，第一、二节背面各有1条黑色横带，自第三节处开始有1条黑色的纵带直抵腹部，构成1个明显的"T"字形斑纹。雄虫为

被桔小实蝇为害的蜜柚果实

4节，雌虫为5节。雌虫产卵管发达，由3节组成，但长度不及腹部的一半，后端狭小部分短于第五腹节。卵梭形，一端稍尖，微弯，长约1毫米，宽约0.1毫米，乳白色。幼虫蛆形，一龄幼虫体长1.2 ～ 1.3毫米，二龄2.5 ～ 5.8

毫米，三龄7.0～11.0毫米。一龄幼虫体半透明，二、三龄为乳白色，三龄以后的老熟幼虫为橙黄色。体圆锥形，前端小而尖，口钩黑色，气门板内侧纽扣形构造较大而明显。蛹为围蛹，椭圆形，长约5毫米，宽约2.5毫米，初为淡黄色，后变为黄褐色。

发生规律：通常1年发生3～5代，无明显的越冬现象，存在世代重叠，生活史不整齐，田间各虫态常同时存在。但在有明显冬季的地区，以蛹越冬。成虫羽化后需要通过较长时间的能量补充才能产卵，成虫喜聚集在叶片背面，于夜间交尾，有很强的飞行能力；卵产于初成熟的果实果皮下1～4毫米处，产卵处有针状小孔，常有汁液溢出凝成胶状乳突，后呈灰褐色或红褐色斑点，每头雌虫产卵量为400～800粒，每处产卵5～10粒不等。此外，产卵造成的果皮伤口，常引发病原微生物入侵。幼虫有很强的弹跳能力，三龄后老熟。老熟幼虫钻出果面，弹入土中化蛹，一般在土壤5～10厘米处化蛹。

照射处理的桔小实蝇不育雄虫的蛹

照射处理的桔小实蝇不育雄虫

蜜柚园释放照射处理的桔小实蝇不育雄虫

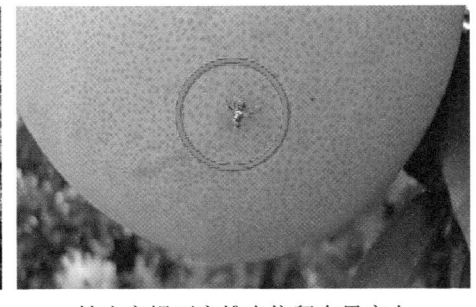

桔小实蝇不育雄虫停留在果实上

桔小实蝇不育雄虫回收瓶　　　　　田间挂黄板诱杀桔小实蝇

防控措施：

（1）农业防治：通过冬季清园、浅翻挖土、清理落果、种植单一品种果树及果实套袋等一系列农业技术措施可对桔小实蝇进行有效防治。但在整个防治过程中仍需耗费大量人力、物力，大大增加了防治成本。对于桔小食蝇为害的蜜柚园，落果初期每周清除1次，落果盛期至末期每天1次，然后将落果集中倒入水池中浸1周以上，或深埋土坑中并在上面覆盖土半米以上并将土压实；清理落果后，及时用50%辛硫磷乳油800～1 200倍液均匀喷洒地面，每周施药1次，连续2～3次，杀死老熟幼虫及蛹。也可在冬、春季将蜜柚园及其附近土壤翻耕1次，或撒施生石灰粉，均可减少和杀死在土壤中越冬的幼虫、拟蛹和蛹；进入采收期时，果实可提早一星期采收，避开为害高峰期。

（2）物理防治：利用害虫具有的某种趋性或习性，采用物理手段进行防治。如色板诱杀，糖醋诱杀，性信息素诱杀和雄虫不育技术等。利用桔小实蝇成虫喜欢在即将成熟的黄色果实上产卵的习性，可以采用黄色黏虫板诱捕成虫；也可自制糖醋液诱杀（红糖1份，醋2份，白酒0.4份，敌百虫0.1份，水10份。先把红糖和水放在锅内煮沸，然后加入醋闭火放凉，再加入白酒和敌百虫搅匀即可）。利用经过照射处理的不育雄虫，释放后交配不产生后代。

（3）生物防治：主要包括寄生性和捕食性天敌的利用；病原微生物中真菌、线虫、共生菌等的利用。利用寄生蜂类来控制桔小实蝇的幼虫和蛹，目前已发现多种桔小实蝇的幼虫或蛹的寄生蜂，包括黄金小蜂、蝇蛹金小蜂、跳小蜂、实蝇茧蜂等。

（4）药剂防治：在成虫发生季节，选择味道较浓的药剂喷雾，如10%氯氰菊酯乳油2 000倍液、2.5%溴氰菊酯乳油2 000 ～ 3 000倍液等。但化学农药多次施用导致其残留期长，易对其他有益生物及人畜造成危害，也会对环境造成污染。除此之外，害虫还很容易产生抗药性，不能从根本上降低桔小实蝇的虫口数量。

6.鞘翅目

恶性橘啮跳甲

学名为*Clitea metallica* Chen，又称黑叶跳甲、黑蚤虫、牛屎虫等，属鞘翅目叶甲科。

为害特点：以幼虫、成虫咬食植株的嫩芽、嫩叶和花器。特别是幼虫在春梢嫩叶上聚集为害，造成叶片孔洞，并分泌黏液，排泄粪便负于背上。幼虫为害使叶片凋萎、腐烂变黑而脱落。

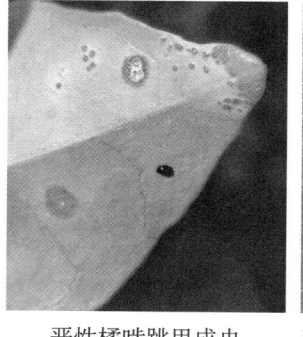  

恶性橘啮跳甲成虫　　　恶性橘啮跳甲成虫（放大）　　　恶性橘啮跳甲为害状

识别特征：成虫长椭圆形，蓝黑色，有金属光泽。雌成虫体长3 ～ 3.8毫米，雄成虫比雌成虫略小。头、胸和鞘翅为蓝黑色，触角11节，黄褐色。虫体腹面黄褐色至黑褐色，后足腿节粗大，善跳跃。卵长约0.6毫米，椭圆形，初产时乳白色，后逐渐变为黄白色，近孵化时为深褐色，卵壳外被黄褐色网状黏膜。老熟幼虫体黄白色，头部黑色，体长约6毫米，前胸背板深色，中、后胸两侧各有1个黑色突起。胸足3对，黑色。蛹为裸蛹，淡黄色至橙黄色，椭圆形，长约2.7毫米。

发生规律：福建1年发生3～4代，以成虫在树干的裂缝处、地衣、苔藓或树穴、杂草、枯枝、卷叶及松土中越冬。2月下旬开始可见成虫咬食春梢的嫩芽和嫩叶，为害春梢的第一代幼虫发生数量多，影响开花结果，成虫在咬破叶片的表皮后产卵，多以2粒为1窝并列或多粒排列。每只雌成虫一生最高产卵量可达1 700多粒。幼虫孵化后先在春梢叶背上取食叶肉，留下一层薄薄的表皮，随幼虫长大则连表皮食光。幼虫有群集性，一片叶上常有数头同时为害，老熟幼虫沿枝干往下爬，在地衣、苔藓或树皮缝隙、土壤中深1～2厘米处筑圆形蛹室化蛹。

防控措施：

（1）农业防治：冬季清园，彻底清除柚树上的树皮裂缝、苔藓、地衣，堵塞树洞及促进伤口愈合。可用1∶1的牛粪与红泥土混合后涂于树皮伤口上；可用松脂合剂18倍液喷雾清除苔藓和地衣。同时，对果园树冠下及周围进行浅层松土，破坏成虫的越冬场所。

（2）物理防治：利用成虫具假死性，可摇落后人工捡除捕杀；利用幼虫有爬到主干或附近土中化蛹的习性，在主干上捆扎稻草可诱集幼虫化蛹，而后集中烧毁。

（3）药剂防治：在第一代幼虫孵化率达40%时开始喷药保护春梢。药剂可选用50%辛硫磷乳油800～1 000倍液、90%晶体敌百虫800倍液、2.5%溴氰菊酯（敌杀死）乳油2 500～3 000倍液等。

巴氏龟甲

学名为*Taiwania obtusata* Boheman，属鞘翅目铁甲科。

为害特点：以成虫和幼虫取食蜜柚叶肉，使叶片出现短条状斑疤，主要在叶片的背面为害，也可为害正面，当为害新梢叶片时，可导致叶片发育不良，最后变黄脱落。

识别特征：成虫，卵圆形，体长4毫米左右，背中央高突，具金属光泽，头、前胸背板和鞘翅边缘均为淡黄色，具刻点。鞘翅顶常具瘤状突，中部密布圆形凹陷点。卵椭圆形，老熟幼虫体奶黄色，体长5～6毫米，体侧具多对对称棘刺。蛹为裸蛹，淡黄色。

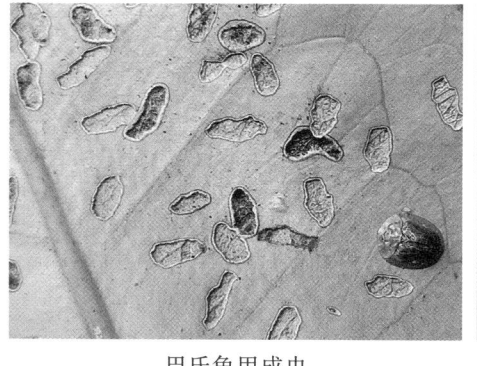

巴氏龟甲成虫

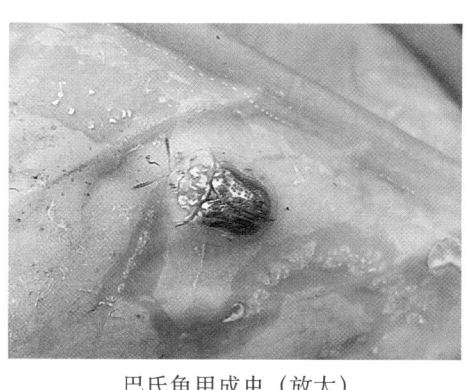

巴氏龟甲成虫（放大）

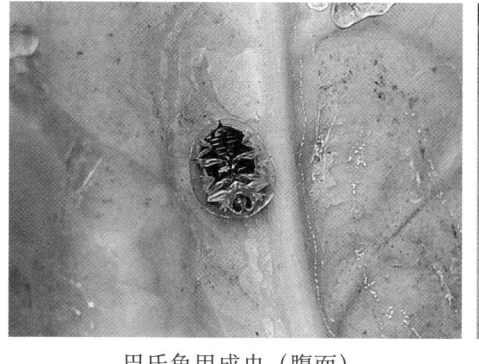

巴氏龟甲成虫（腹面）

巴氏龟甲成虫

巴氏龟甲成虫为害状

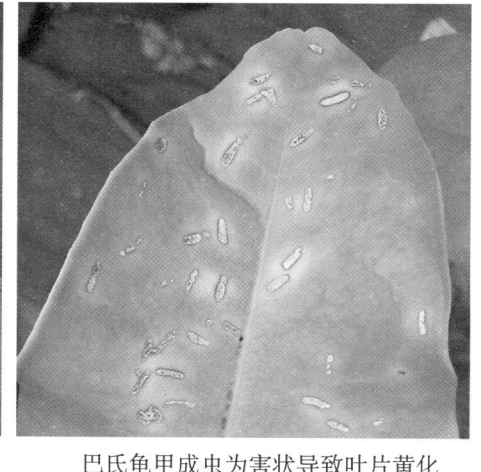

巴氏龟甲成虫为害状导致叶片黄化

发生规律：以成虫越冬，翌年2月即见成虫在蜜柚新梢叶片正面和背面咬食叶肉。

防控措施：参考潜叶甲的防控措施。

灰象甲

学名为*Sympiezomias citri* Chao，又称大灰象虫、灰鳞象虫、灰象等，属鞘翅目象甲科。

为害特点：灰象甲是蜜柚梢期较常见的害虫之一，以成虫群集咬食蜜柚的春梢和夏梢的叶片，有时也为害花和幼果，使幼果表面凹陷或缺刻，严重时将幼果食光仅留果蒂。叶片被咬食出大小不一的孔洞、残缺不全，严重时嫩叶被咬食呈支离破碎状，仅剩主脉或嫩枝。

灰象甲　　　　　　　　　　　　　灰象甲为害状

识别特征：雌成虫体长9.5～12.5毫米，雄成虫体长8～10.5毫米，体密披淡褐色或灰白色鳞片，无光泽。头管粗短，背面漆黑色，复眼近椭圆形，黑色隆起，触角膝状，端部膨大。前翅略大于体宽，两侧近弧形，背面密布不规则瘤状突，中央有黑色宽纵纹，纹中央具有一条纵沟。卵长扁圆筒形，长1.1～1.4毫米，初产时乳白色，后变为紫灰色，以不规则卵块粘附在叶片相叠之间。老熟幼虫体长11～13毫米，乳白色至淡黄色，头部黄褐色，头盖缝中间可见明显凹陷。蛹淡黄色，体长7.5～12毫米。

发生规律：灰象甲1年完成1代，少数2年完成1代，以成虫和幼虫在土壤中越冬。越冬成虫于3月下旬至4月初陆续出土，4月上中旬为害春梢叶片，后为害幼果表皮，导致果皮出现大疤痕斑，4—8月均可见为害，成虫具有假死性，不能飞翔，受到惊吓后躲藏起来或掉落到地上假死。成虫出土后9～12天开始交尾产卵，一生可交尾数次，产卵期集中在5—7月，卵一般产于两片叶子之间近叶缘处，块状，且分泌粘液将两片叶子粘合在一起。4月下旬至7月中旬孵出幼虫，孵出的幼虫掉入10～15厘米松软的土层取食植株根部和腐殖质，于9月底至10月底陆续化蛹，10月中旬开始羽化，当年成虫留在蛹室内越冬。

防控措施：

（1）农业防治：根据灰象甲以成虫和幼虫在土中越冬的习性，冬季采果后结合深翻园土和施肥，将树冠内土壤深翻15厘米左右，将越冬的成虫和幼虫翻出，由天敌取食或因生活环境被破坏而致其死亡，从而减少翌年的越冬虫源。在间种或套种作物品种的选择上要注意选择灰象甲不喜欢的植物，应避免选择如绿豆、花生、大豆、茶树等灰象甲喜欢取食的寄主植物，以免加重灰象甲对蜜柚的为害。

（2）物理防治：在4—5月灰象甲成虫大量上树前，对树干涂胶，防止成虫上树。黏胶以蓖麻油40份，松香60份，黄蜡2份配制而成，首先将蓖麻油加热至120℃，但温度不可超过130℃，然后慢慢加入松香粉，边加边搅拌，再加入黄蜡，煮拌至完全溶化，冷却后即可使用。也可在成虫出现盛期，人工捕杀成虫，在树下铺上一层塑料薄膜，利用其假死性，振动树枝，使其掉落在薄膜上，然后收集并烧毁，连续操作两次可基本消除灰象甲。

（3）药剂防治：对高大果树上的成虫，或虫口密度较大的果园，采取人工防治比较困难，可用药剂进行防治。灰象甲有假死性，在喷药时必须对树冠和树盘（地面）同时喷药，否则会影响防治效果。药剂可选择拟除虫菊酯类和噻虫嗪类的杀虫剂，如15% 8817乳油2 000～2 500倍液、20%速灭杀丁乳油1 000～1 500倍液、90%敌百虫晶体800～1 000倍液＋0.2%洗衣粉、10%氯氰菊酯乳油2 500倍液、2.5%溴氰菊酯乳油3 000～4 000倍液、2.5%氟氯氰菊酯乳油1 500～2 000倍液等。

铜绿金龟子

学名为 *Anomala corpulenta* Motschulsky，又称铜壳郎，属鞘翅目丽金龟科。

为害特点：成虫为害蜜柚的叶片、花器及芽等，咬食叶片成网状孔洞或缺刻，严重时仅剩主脉，群集为害时更为严重，导致花器脱落。常在傍晚至晚10时咬食最盛。幼虫啮食植株根和块茎或幼苗等地下部分，老熟后在地下作茧化蛹。

铜绿金龟子为害状　　　　　　　　　铜绿金龟子

识别特征：成虫体长18～20毫米，宽8～10毫米，长卵圆形。头、前胸、盾片、鞘翅均为铜绿色，有光泽，前胸背板两侧边缘为黄色。鞘翅为栗色并有光泽，并有3条纵纹突起。雄虫腹面呈深棕褐色，雌虫腹面呈淡黄褐色。复眼红黑色。幼虫俗称蛴螬，长约40毫米，体呈乳白色，体肥，并向腹面弯成"C"字形，有胸足3对，头部为褐色，老熟幼虫腹部末节背面有2纵列刺状毛，外有深黄色钩状刚毛。蛹为裸蛹，初为白色，后渐变为浅褐色。

发生规律：1年发生1代。以幼虫在土壤内越冬。成虫于翌年5月上旬出现，于5月下旬至7月中旬达到高峰。成虫白天潜伏，黄昏时上树为害，半夜后陆续离开树冠，潜入草丛或松土中，有群集性、假死性、趋光性，在闷热无风的夜晚为害最严重。卵散产于土壤中，孵化后的幼虫在土表为害植株根系，发育至老熟后直接在土壤中越冬。

防控措施：

（1）农业防治：不施用未充分腐熟的有机肥料，以免滋生该虫；及时清理蜜柚园内外的杂草堆和有机肥料堆，捡除幼虫，以减少成虫的发生；在采果后可对蜜柚园进行浅层松土，破坏其越冬场所。

（2）物理防治：在成虫出现期，采用黑光灯或频振式诱虫灯诱杀成虫。也可利用成虫的假死性，通过人工振落捕捉成虫。

（3）药剂防治：发生严重的蜜柚园，选择无风、温暖的下午3—7时，选用90%晶体敌百虫800倍液或其他有机磷药剂均匀喷布树冠，旁边的杂草丛可喷施50%辛硫磷乳油800～1 000倍液，喷后进行浅层松土，以杀死成虫和幼虫。

白星花金龟

学名为*Potosia brevitarsis* Lewis，又称白星花潜、白星金龟子、铜克郎等，属鞘翅目花金龟科。

为害特点：以成虫咬食果实，导致果实腐烂，或取食有伤口的果实，加速果实腐烂，还可取食嫩芽、嫩叶。

白星花金龟

识别特征：成虫体长18～24毫米，宽9～13毫米，扁椭圆形，体表青铜色且具金属光泽，复眼突出。前胸背板有不规则白色小斑，近后缘处中部前凹，与鞘翅前缘角之间有一明显三角形盾片。鞘翅基角稍向外突出，肩部最宽，后缘呈圆弧形。鞘翅上面有纵列的小刻点和大小不等的云片状斑纹。后足基节外端角齿状，足粗壮，角尖锐，各足跗节顶端有弯曲爪。卵椭圆形，乳白色。老熟幼虫长25～39毫米，头部褐色，体呈乳白色，并向腹部弯曲呈"C"字形，有胸足3对，腹部末端有2列纵向分布的刺毛，背面隆起多横皱纹。蛹为裸蛹，初期为白色，后渐变为黄白色。

发生规律：1年发生1代，以中龄或老龄幼虫在土壤中越冬，翌年6—7月为成虫羽化盛期，6月上旬至7月中旬进入产卵盛期。成虫有趋光性，飞翔能力强，具有假死性、趋腐性和趋糖性。成虫在富含腐殖质的土壤中或未经腐熟肥料的场所产卵，幼虫孵化后在土壤中为害植物根系，发育至老熟后在土壤中筑室化蛹。

防控措施：参考铜绿金龟子防治。

中华齿爪金龟

学名为*Holotrichia sinensis* Hope，又称中华金龟子、华脊鳃角金龟、清明虫等，属鞘翅目鳃金龟科。

为害特点：成虫咬食蜜柚叶片，尤以春梢叶片受害最重。

中华齿爪金龟

识别特征：成虫体长20～23毫米，体呈棕褐色。头部前缘微凸，前胸背板侧缘扩突呈角状，后角钝圆，小盾片近半圆形。鞘翅棕褐色，有许多小刻点，略显纵列。胸腹面有棕色毛。足褐色，有光泽，各足爪均有齿。卵产于土壤中，呈椭圆形，乳白色，幼虫白色，头部棕褐色，胸足3对，在土壤中生活并为害植物根系。

发生规律：1年发生1代。以幼虫在土壤中越冬，翌年春季化蛹，于3月中旬陆续羽化出土。当气温上升且天气闷热时进入发生盛期，在清明节前后发生较多，因此有"清明虫"的别称。于傍晚为害春梢，取食后叶片呈缺刻状。一般新种植1～3年的蜜柚树受害最重。成虫饱食之后即转移别处或藏匿土中。

防控措施： 参考铜绿金龟子防治。

独角犀

学名为*Xylotrupes gideon* Linne，又称独角仙、橡胶犀金龟等，属鞘翅目犀金龟科。

为害特点： 一般成对出现，为害蜜柚主干近地面或主枝分叉处的韧皮部，引起流胶和脚腐；若咬食原有流胶和脚腐的部位则会扩大病斑，加重病害程度。

独角犀

识别特征： 成虫体长35～42毫米，通体为黑色，有光泽。雄成虫头部额顶有一粗大的角状突，翘向上方并弯向背部，端部分两叉。前胸背板上亦有一向前方突出的角状物。雌成虫无突出的角状物，头部中央隆起，背板前部有一丁字形凹沟。足粗壮，带钩刺。成虫有发声器。卵为圆形，乳白色。幼虫圆筒形，淡黄白色，弯曲状，通体有横纹皱褶，后端体节较疏，光滑并密生短毛，形似蛴螬。蛹黄白色，雄蛹可见明显角状物。

发生规律： 1年发生1代，以幼虫掩藏在土壤或有机质中越冬，翌年4月化蛹，5月下旬可见成虫，6—8月进入成虫盛期。成虫夜间活动频繁，为害树枝皮层，白天则在被咬食处停栖。土壤湿度大、树干潮湿且原有伤口时最易受害。

防控措施：以人工捉除成虫为主，参考铜绿金龟子防治。

褐天牛

学名为 *Nadezhdiella cantori* Hope，又称黑牯牛、老木虫、牵牛虫等，属鞘翅目天牛科。

为害特点：主要以幼虫蛀食树干基部距地面50厘米以上的主干和大枝木质部，幼虫咬食较粗壮枝干的木质部，蛀出许多孔洞，树干下可发现很多颗粒状虫粪和堆积的碎木屑，木质部蛀道纵横交错，严重影响树干的木质部和树皮生长，阻碍树木吸收养分和水分，引起树势衰弱。当木质部被蛀空后，树干或树枝易折断，最后全株枯死。

褐天牛排粪状

褐天牛为害树干基部

褐天牛排粪状

识别特征：成虫体暗褐色，有金属光泽，体长25～50毫米，体宽10～15毫米，被有极短的灰黄色绒毛。触角第1节粗大且具有不规则的横皱纹。雌成虫显著大于雄成虫，雌成虫触角长达等于或略长于虫体，雄成虫的触角则长于虫体。前胸背板多皱槽。鞘翅两侧近于平行，翅面密布大小不一的刻点。卵长椭圆形，长2～3毫米，初产时乳白色，后逐渐变为黄色，孵化前变灰褐色，卵壳密布锥状突起。老熟幼虫体长45～60毫米，体乳白色至淡黄色，扁圆形。蛹体长约38毫米，浅黄色，体形与成虫相似。

发生规律：该虫2至3年发生1代，以幼虫或成虫在树干木质部蛀道内越冬。7月孵出的幼虫于翌年的8—10月化蛹，晚秋后羽化为成虫，成虫多在蛀道内越冬，第三年春季出来活动，初夏为发生盛期，多数成虫于5—7月出来活动，成虫昼伏夜出，在夏季下雨前闷热的晚间成虫活动最为活跃，成虫在树干伤口处、洞口、枝条裂缝或凹陷处等进行产卵，每处产卵1粒或2粒。卵主要分布在距地面35厘米至3米高的枝干上。幼虫孵化处的树皮受害后有黄色的胶状物渗出，混合虫粪呈浸润状。当幼虫长至15毫米后开始蛀入木质部，在枝干的蛀道上向外咬食出3～5个可排出粪便的通气孔。

防控措施：

（1）农业防治：在5—7月成虫盛发期，于闷热的晴天中午进行人工捕杀；树干涂白，在成虫羽化产卵前用生石灰5千克，硫磺0.5千克、水15千克、盐、油各0.35千克，调成灰浆，涂刷树干和基部，可减少成虫产卵。

（2）药剂防治：在春秋季发现树干基部有新鲜虫粪时，及时用粗铁丝将虫道内虫粪清除后进行钩杀，后用拟除虫菊酯类的药剂灌入虫孔，然后用湿泥土封堵，以毒杀幼虫；在5月下旬至8月可选用40%噻虫啉悬浮剂1 500～2 000倍液、5%氟苯脲乳油800～1 500倍液、10%吡虫啉可湿性粉剂500～800倍液等，对树干基部及主干喷雾，以杀死成虫，减少产卵量，间隔30天左右再喷一次，防治初孵幼虫。

爆皮虫

学名为*Agrilus auriventris* Saunders，又称长吉丁虫、锈皮虫，属鞘翅目吉丁虫科。

为害特点：以幼虫在树皮浅处为害，受害处出现泡沫和褐色点状的流胶，随着幼虫向深层蛀食造成许多蛀道，导致受害树皮成片爆裂脱落，形成层中断，使水分和养分的输送受阻，最后全株或主枝枯死。受害树皮粗糙裂缝多，弱树和衰老树受害严重。

爆皮虫成虫

爆皮虫成虫（放大）

被爆皮虫幼虫蛀食

树干裂缝处的卵块

　　识别特征：成虫体长6～9毫米，古青铜色，有金属光泽。复眼黑色。触角锯齿状，11节，基部3节细长，其余8节扁平。鞘翅狭长，紫铜色，密布细小刻点，并有金黄色绒毛的花斑纹，翅端有细小的小齿状突起。卵长0.5～0.9毫米，扁椭圆形，初为乳白色，后变为土黄色，孵化前为褐色。幼虫体扁平，细长，共有4龄，一龄幼虫体长约1.8毫米，乳白色，二龄幼虫体长3～6毫米，淡黄色，三龄幼虫体长6～14毫米，淡黄色，四龄幼虫体长13～20毫米，淡黄色。头部小，褐色，除口器外全部陷入前胸内。前胸特别膨大，扁圆形，中、后胸小，胸足退化。蛹纺锤形，体长9～12毫米，化蛹初期为乳白色，有金属光泽，柔软多皱褶，后逐渐转为黄褐色，羽化前变为蓝黑色。

　　发生规律：1年发生1代，也有地区发生2代，以老熟幼虫在木质部越冬，少数低龄幼虫在韧皮部越冬。由于虫龄不一，发生极不整齐。翌年4月下旬开始羽化并在洞中潜伏7～8天再咬破树皮出洞。5月上旬为羽化盛期，成虫活跃，飞行能力强，在晴朗天气或雨后初晴时发生多，主要在树冠取食嫩叶，造成小缺刻，阴雨天则大多静伏于枝叶上避雨。成虫具有假死性，受惊吓则坠地，继而逃飞。成虫出洞后5～7天开始交尾，一生交尾2～3次，交尾后1～2天即可产卵。卵散产，主要产在距离地面1米以内树干的细小裂缝处，一部分产在地衣、苔藓下面，产卵期为5月下旬至6月下旬，雌虫一生产卵20～45粒。一般树皮粗糙、裂缝多的树受害较严重，20年以上的老龄树、管理粗放的果园及弱树受害重。

　　防控措施：

　　（1）农业防治：冬季修剪时清除被害的枯枝、枯树并烧毁，阻止成虫出洞。加强肥水管理，增施有机肥，强壮树势，保持树皮光洁；在冬季对树干涂白阻止成虫产卵，或在早春用稻草绳捆扎受害树，从树头自下而上紧密绕扎并涂刷泥浆，不留缝隙，阻止成虫出洞，并在成虫产卵盛期人工刮除被害树皮的流胶。

　　（2）药剂防治：在成虫羽化后未出洞产卵前，用药剂喷（涂）树干，使成虫在出洞咬食树皮时中毒死亡，在成虫出洞高峰期用40%噻虫啉悬浮剂1 500倍液、90%敌百虫晶体1 000～1 500倍液对树干进行喷雾。

7.有肺目

同型巴蜗牛

学名为*Bradybaena similaris* Ferussae，又称小螺蛳、圆形巴蜗牛、触角螺、旱螺等，属有肺目巴蜗牛科。

为害特点：以成螺及幼螺用齿舌咬食叶片、枝条皮部和果实。叶片被害后成缺刻、孔洞或只存网状叶脉；枝条被害后仅存木质部；果实被害后，轻者果皮出现灰白色疤斑，严重时同型巴蜗牛会咬破果皮取食果肉，果实出现孔洞而脱落，膨大期果实被咬出近圆形凹孔，严重的可见果肉，引起果实腐烂。其行动缓慢，凡爬行过的地方均可见粘液痕迹，常聚集为害。

同型巴蜗牛

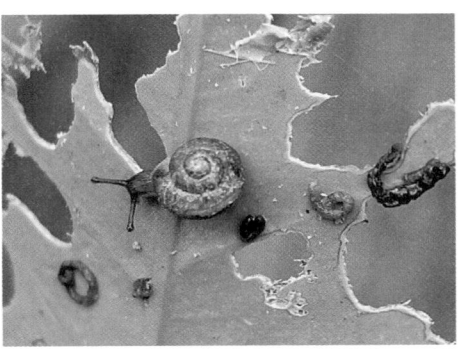

同型巴蜗牛及其为害状

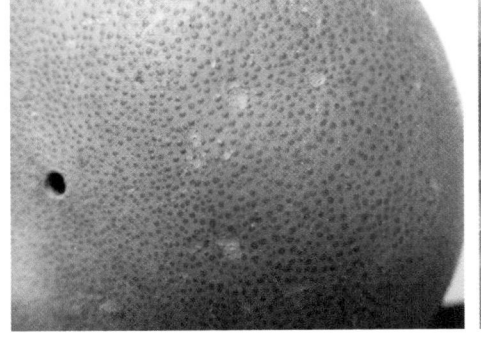

同型巴蜗牛为害膨大期果实

同型巴蜗牛为害幼果

识别特征：成年同型巴蜗牛黄褐色，壳扁球形，高约12毫米，直径约14毫米，有褐色花纹，具5～6个螺层，背上有1个黄褐色的螺壳，肉体柔软，灰白色，头上有2对触角，前触角较短，有嗅觉功能，后触角较长，腹部两侧有扁平足，休息时身体缩在螺壳内。卵白色，圆球形，直径0.8～1.3毫米，有光泽，孵化前为土黄色。幼年同型巴蜗牛体较小，壳薄，半透明，淡黄色，形似成贝，常群集成堆。

发生规律：1年发生1代，以成螺或幼体在杂草丛、落叶、树皮缝隙、秸秆堆下或以幼贝在冬作物根部土中越冬。喜阴暗潮湿、多腐殖质的环境，适应性极强。翌年多在4—6月间在根际疏松湿润的土中或石头缝隙、枯叶下产卵，成体每个可产卵30～235粒。5月上旬至7月下旬为卵孵化期，主要为害期为5—9月，遇高温干旱或不良气候，软体缩入壳内，并分泌白色蜡质膜封住螺口，黏在果树的叶片和枝条上，等天气适宜时再恢复活动。多在傍晚和清晨取食。

防控措施：

（1）农业防治：及时清除蜜柚园杂草、枯枝落叶，及时中耕，排出积水。在清晨或阴雨天进行人工捕捉，集中杀灭。也可在盛发期前用石灰涂白枝干或在地面撒石灰粉，使其爬行受阻。

（2）物理防治：在蜗牛发生期，可于蜜柚园放养鸡鸭，并配合人工刮除，把停在枝干上的螺体刮落便于鸡鸭啄食。

（3）药剂防治：可用毒饵诱杀，在蜗牛大量出现又未交配产卵的4月上中旬和大量上树前的5月中下旬进行。每亩可用茶籽饼粉3千克撒施，药剂可用6%密达颗粒剂（灭蜗灵）每亩465～665克，或10%多聚乙醛（蜗牛敌）颗粒剂每亩1 000克，拌土10～15千克，在蜗牛盛发期的晴天傍晚撒施。其他还可用2%灭旱螺颗粒剂每亩330～400克或45%百螺敌颗粒剂每亩40～80克拌土撒施，或5%～10%硫酸铜液，或1%～5%食盐液于早晨8时前及下午6时后对树盘树体等喷雾。

野蛞蝓

学名为 *Agriolimax agrestis* Linnaeus，又称水蜒蚰、鼻涕虫，属软体动物有肺目蛞蝓科。

为害特点：该虫为杂食性害虫。主要取食幼嫩叶片、嫩芽和幼果，造成许多孔洞。咬食刚露出的嫩芽，使其无法生长；为害幼果，造成果实疤斑。

野蛞蝓

野蛞蝓为害果实

识别特征：卵椭圆形，韧而富有弹性，初产时为白色，透明状，可见里面的卵核，至近孵化时颜色变深。初孵幼虫体长2～2.5毫米，体形与成虫相同，淡褐色。成虫伸直时体长30～60毫米，体宽4～6毫米，长梭形，柔软，无外壳，光滑，有黏液。体表为暗褐色、暗灰色、黄白色或灰红色。触角2对，暗黑色，下边1对较短，称为前触角，长约1毫米，对外界有感觉作用，上边1对较长，称后触角，长约4毫米。端部有眼。口腔内有角质舌齿。体背前端具外套膜，边缘卷起。呼吸孔在虫体右侧前方，其上有细小的色线环绕。黏液无色。生殖孔在右触角后方约2毫米处。

发生规律：以成虫或幼虫在作物根部湿润的土中越冬。4—6月在田间大量活动为害作物。入夏气温升高，其为害减少，到了秋季气候转凉，又开始活动为害。完成1个世代约250天。雌雄同体，但为异体受精繁殖。4—7月产卵，卵期16天左右，从孵化至性成熟约需55天。成虫产卵期长达160天，卵产于湿度较大的土壤裂缝中。蛞蝓怕光，在强光下2～3小时死亡，所以均在夜间活动，傍晚开始出动，晚10—11时为活动高峰期，清晨之前潜入荫蔽处或土中停息，忍受饥饿能力很强，在食物缺乏的条件下不吃也不动。其多生活在田间腐殖质丰富的落叶处、草丛下、水道旁，或阴暗潮湿的墙角边，也出现在较为潮湿的苗圃地里。当气温上升至12～18℃，土壤含水量为30%左右时，对其生长发育最有利。

防控措施：

（1）农业防治：①在树干中部倒向包扎塑料薄膜，形成裙状，阻止蛞蝓爬上树干，并及时收集塑料薄膜下的蛞蝓，或在地面堆置青草、菜叶等食料诱捕并杀灭。同时，剪除贴地的枝叶，铲除地面接触植株枝叶的杂草，阻断其爬上枝条的通路；在盛发前用石灰涂白枝干，使其爬行时受阻。②施用充分腐熟的有机肥，创造不利于野蛞蝓发生和生存的条件，还可在果园内放养鸡鸭，人为将停留在枝干处、小枝上的蛞蝓用竹片刮落在地上，让鸡鸭啄食。

（2）物理防治：制作毒饵诱杀，用蜗牛敌（有效成分为2.5%）混合豆饼碎及玉米粉于傍晚时在果园内隔一定距离撒放，可引诱蛞蝓取食而杀灭。

（3）药剂防治：地面和树干喷雾1%～5%的食盐溶液或1%的茶籽饼浸出液700倍液，也可喷雾40%四聚乙醛悬浮剂300～500倍液。通常于早上6时后或傍晚5时后喷施。

8.直翅目

螽斯

学名为*Deracantha onos* Pallas，又称螽斯儿、纺花娘、纺织娘，属直翅目螽斯科。

为害特点：以成虫咬食叶片、花器或幼果，导致叶片缺刻、穿孔，使叶片变黄、花器脱落。

螽斯若虫

识别特征：卵黄褐色，扁长形。若虫体长小于成虫，形相似，低龄若虫无翅，高龄若虫具短翅，触角丝状，超过体长。雌成虫体长36～38毫

米，雄成虫略小于雌成虫。全体绿
色。头短，顶端区较窄。复眼突
出，椭圆形。触角丝状、细长，超
过腹端。前翅长叶形，后翅与前翅
等长，扇形，尾端尖。产卵器瓣
状，稍弯曲，基部黄褐色，端部黑
褐色。

螽斯成虫

发生规律：1年发生1代，以
卵在枝条内越冬，翌年2月下旬至
5月中旬孵出若虫。若虫咬食蜜柚
的春梢叶片、嫩枝，大龄若虫可咬食幼果。5月下旬后若虫陆续羽化为成虫。
雌成虫多在晚间产卵。产卵时先将产卵器插入幼嫩枝条组织，深度达枝条
中髓部，将卵产于其中。卵单产，一纵行排列成条块，卵块表面有木屑覆
盖。雌虫的产卵历期为6～10天。被产卵的枝条水分、养分吸收受阻，最
后干枯。

防控措施：螽斯对于蜜柚不是主要害虫，可在冬季清园期，剪除产卵的
枝条，并集中烧毁。药剂防治上可抓住若虫期，结合其他害虫的防治即可。

9.等翅目

黑翅土白蚁

学名为*Odontotermes formosanua* Shiraki，又称黑翅大白蚁、土栖白蚁，
属等翅目白蚁科。

为害特点：蚁群在土中生活，主要以工蚁为害树皮、浅层木质部及根
部，并沿树干向地面构筑泥被和泥线，造成被害树干外形成大块蚁路，树
皮、木质部孔道纵横，木质中空，养分、水分无法输送，树体衰弱，尤其
是幼树被害后，极易死亡。严重时泥被环绕整个树干周围形成泥套。

识别特征：兵蚁体长约6毫米，头至颚端约2毫米，前胸背板长约0.4
毫米，头暗黄色，有稀毛，齿尖斜向前，上唇舌状，触角15～17节。有翅
成蚁体长12～14毫米，翅长24～25毫米，头、胸、腹背面黑褐色，腹面
黄棕色，全体密被细毛。头圆形，复眼和单眼椭圆形，复眼黑褐色。前翅

鳞大于后翅鳞。有工蚁、蚁后和蚁王之分。卵为乳白色，椭圆形，长径0.6毫米。

黑翅土白蚁田间为害状

黑翅土白蚁

发生规律：黑翅土白蚁是一种土栖性害虫，主要在土壤0.8～3米深的地方筑巢群居，群体蚁的数量多。在群蚁中工蚁占的数量较大，约达90%，兵蚁仅次于工蚁，兵蚁能分泌黄色液体以御敌。两种蚁的眼睛均退化，畏光，在地面活动和取食时都要以土筑泥被为路。有翅蚁为繁殖蚁，有趋光性。在闷热天气或雨前傍晚7时左右，可见有翅蚁群飞天空，停下后即脱翅求偶，然后成对钻入地下建筑新巢，成为新的蚁王、蚁后，繁殖后代。其活动取食的季节性明显，在福建11月中旬开始转入地下活动，翌年3月当气温回暖时开始为害，5—6月为第一个高峰，9—10月为第二个高峰。雨季受害一般较轻，旱季则很严重。

防控措施：

（1）农业防治：①新开垦的山地丘陵蜜柚园，常因地下有蚁巢而使蜜柚幼树受害。蚁群沿枝干向上构筑泥被，在里面啮食皮层导致植株枯死。可人工追挖主巢，消灭蚁王、蚁后和有翅繁殖蚁。②果园养鸡啄食白蚁。

（2）物理防治：利用有翅白蚁有趋光性，采用灯光诱杀。可在5—6月天气闷热或雨后的晚上用黑光灯或家用日光灯诱杀。

（3）药剂防治：确定蚁巢、蚁道的位置，可把灭蚁灵粉剂或灭白蚁粉剂直接喷在泥被内和蚁道内将其杀灭。

三、天　敌

黄斑青步甲

黄斑青步甲为柑橘类害虫捕食性天敌的优势种，可捕食多种鳞翅目的幼虫，对常见的凤蝶、潜叶蛾、蚜虫等均有较强的控制作用。

学名为 *Chlaenius micans* Fabricius，属鞘翅目步甲科青步甲属。

识别特征：成虫体黑色，体长14～15毫米，体宽5毫米。头部及前胸背板均有绿色的金属光泽；头顶着生小刻点和密横纹，两眼之间及前面部分较稀疏，复眼内侧具几条浅纵沟。触角的基部和端部为红棕色；口器也为红棕色；上颚、口须和触角的第4～11节为赤褐色；上唇、触角基部3节、腿节、胫节和翅纹黄褐色。前胸背板盾形，中部最宽，前缘与基缘等宽，无缘边，前角稍圆凸并附生数支纤毛，基角圆，基窝纵深，胸面密生黄毛、横纹和刻点。小盾片亦有绿色的金属光泽。鞘翅光泽较弱，近端部的3/4处有黄斑，黄斑由第四至第八沟距上的纵斑组成，以第五沟距上的纵

黄斑青步甲成虫

黄斑青步甲一至三龄幼虫

黄斑青步甲幼虫

斑最长（长约1.5毫米）。足红棕色。前胸背板上的刻点粗而密，靠近基部有黄色短绒毛。

生活习性： 成虫栖息在田埂边的土块、废果里及草堆下越冬，翌年5月上旬开始产卵，卵散产，多数卵产在较潮湿的土块或叶片上，卵表有黏液，易附在土表或植株上。黄斑青步甲日产卵量1～7粒，平均2.8粒；1代产卵量累计4～93粒，平均42.1粒；产卵期8～90天，平均49天。卵的孵化与土壤

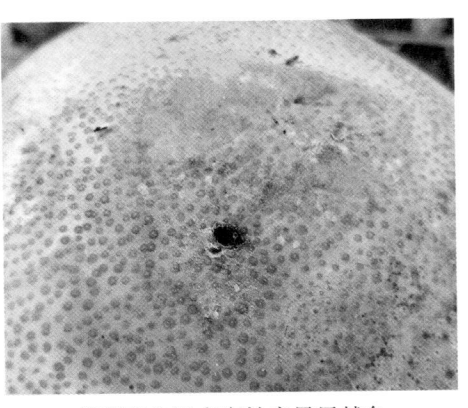

黄斑青步甲在蜜柚废果里越冬

湿度有密切关系，土壤干燥孵化率低，潮湿土壤卵粒容易发霉，也不会孵化。初孵幼虫经1个多小时爬行之后即有捕食能力，幼虫能捕食比它体积大3～4倍的鳞翅目幼虫。捕食时，用上颚钳住幼虫，使之麻痹，常见整只被吃光。幼虫生性活跃，善于爬行，怕强光，喜钻进被害植物内捕食。捕食量随虫龄增大而增多，以三龄幼虫初期捕食量最多。老熟幼虫在土壤中3.0～3.5厘米的地方筑土室化蛹，化蛹时头略向上。化蛹与土壤的湿度有关，太干燥的土壤常不能化蛹，或导致蛹发育不良，鞘翅不能伸展。成虫的寿命较长，平均达98天以上，最长可达165天（不含越冬期），体上有特殊气味。

大红瓢虫

学名为*Rodolia rufopilosa* Muls.，鞘翅目瓢虫科，能捕食蜜柚吹绵蚧。

识别特征：成虫体近圆形，呈钢盔状。长5.0～6.0毫米，宽4.6～4.8毫米。除眼睛以外，头部前胸背板、小盾片及足均为黄红色，腹面各部亦呈黄红色。初羽化时，背呈鲜艳的粉红色，老熟时转为暗红色。卵尖椭圆形，朱红色，长约1.1毫米，宽约0.46毫米。幼虫老熟时长约10.5毫米。蛹为裸蛹，长约5毫米，宽约4毫米，体外附有幼虫末次蜕皮的灰色皮壳。皮壳自背部中央纵裂，分离两旁，露出蛹体。

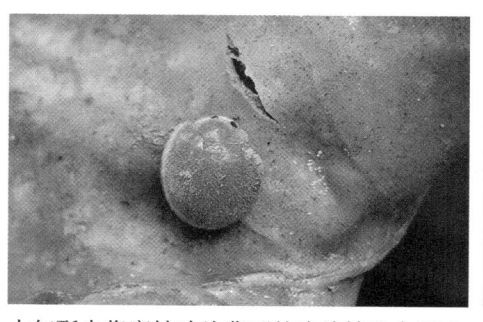

大红瓢虫将蜜柚叶片背面的吹绵蚧取食干净

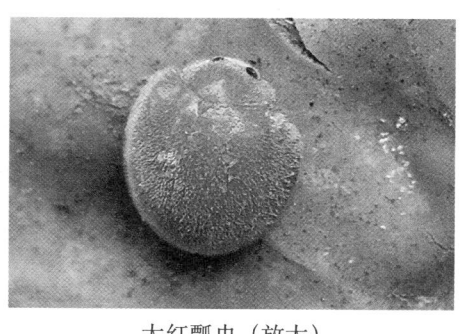

大红瓢虫（放大）

生活习性：成虫行动敏捷，中午时最为活跃，晚间或风雨天气则隐藏在枯叶底或树干空穴，尤以卷缩树叶内最多。食物缺乏或受外物惊扰时，则飞翔远离。成虫一生交配多次，交配后数小时即可开始产卵。幼虫共4龄，多生活在吹绵蚧产卵的雌成虫的体下或卵囊内或蜡质物中，这些场所有利于其隐藏和取食。蛹喜倒悬于阴凉的叶背面，在高温天气下，老熟幼虫多于枝叶荫蔽处化蛹，温度降低后，则在枝叶尖端向阳处化蛹。其成虫和幼虫的食料高度专一化，以吹绵蚧为食，食物短缺的特殊情况偶尔以其他昆虫为食。成虫和幼虫均有自相残食现象，在食料缺乏时尤为常见，幼虫准备化蛹时被食最多。

黄斑盘瓢虫

学名为*Coelophora saucia* Mulsant，鞘翅目瓢虫科，能捕食蜜柚蚜虫。

识别特征：雌成虫体长5.8～6.8毫米，宽4.8～6毫米。虫体近圆形。头部、前胸背板黑色。前胸背板两侧各具1橙黄色的长圆形大斑。鞘翅黑色。雄成虫头部橙黄色。后胸外缘橙黄色部分扩展较大。卵为长卵圆形，橙黄色，长1.1～1.3毫米，宽约0.5毫米。老熟幼虫体长6.9～8.1毫米，黑色。中胸背板中央具橘红色"丫"字形斑。后胸背板中央的桔红色斑呈三角形。腹部各节具刺疣6个。蛹体长5毫米左右，略呈卵圆形。

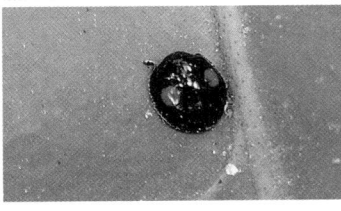

黄斑盘瓢虫

生活习性：黄斑盘瓢虫成虫在树皮下或缝隙内群集越冬。翌年3月开始活动，新羽化后的成虫性器官尚未发育成熟，约需13天才开始交配。交配需1～3小时，最长的可达5小时以上，有多次交配习性。交配后雌虫约经8天即可产卵。一次产卵6～20粒左右，每产1粒卵需半分钟。幼虫各龄期对蚜虫的平均日捕食量共540头左右。新羽化的成虫5～7天内捕食量较小，平均日捕食蚜虫37头左右。交配后，随着卵巢的发育，取食量增加，产卵高峰期日平均捕食量最多达120头以上。产卵高峰期过后，捕食量又逐渐下降。

四斑广盾瓢虫

学名为*Platynaspis maculosa* Weise，鞘翅目瓢虫科，能捕食蜜柚蚜虫、蚧壳虫。

　　识别特征：雌成虫体长约2.8毫米，宽约2.3毫米。体卵圆形，半球形拱起，密被细绒毛。头部黑色。前胸背板大部黑色，两侧为黄色。小盾片黑色，鞘翅棕红色，自小暗片两侧沿鞘翅缝有1条黑带，伸向末端并向左右分叉。卵长椭圆形，一端较钝，另一端稍尖，产于叶片背面或主脉两侧。老熟幼虫体长约3.7毫米，宽约2.8毫米。卵圆形，中央略拱，周围扁平。身体基色为淡黄褐色，侧缘有黄褐色毛，自头的基部向前有1方形黑斑，与前胸背上的2个黑斑组成1个"品"字。蛹体黄褐色，密被黄色绒毛，长椭圆形，腹端较尖，背面两侧有纵列的刺突各一排。

四斑广盾瓢虫取食蚧壳虫

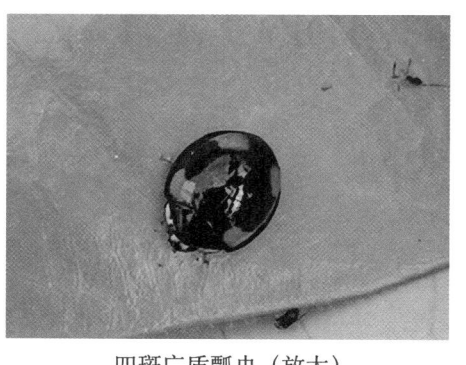

四斑广盾瓢虫（放大）

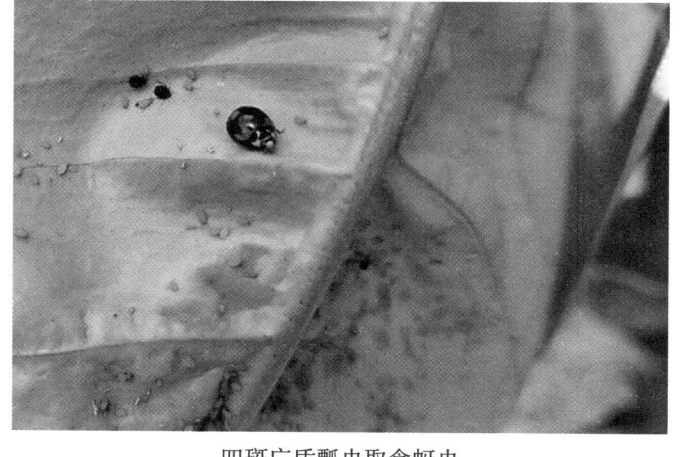

四斑广盾瓢虫取食蚜虫

生活习性：四斑广盾瓢虫以成虫越冬，一般于早春3月间活动。捕食蜜柚春梢上的蚜虫并产卵繁殖，4月下旬可见到幼虫，5月上旬化蛹羽化。

四斑月瓢虫

学名为*Chilomenes quadriplagiata* Swartz，鞘翅目瓢虫科，能捕食蜜柚蚜虫。

识别特征：成虫体长4.5～6.5毫米，宽4.0～5.7毫米，椭圆形，半圆拱起状。头部黄白色，复眼黑色，有时具红黄色外环及深色边缘，触角、口器黄褐色，前胸背板黑色，前侧有黄白色四边形斑，前缘黄白色成带状与两侧斑相连，小盾片黑色。鞘翅基色黑色，在基部1/4有"I"字形橘红色横斑，仅剩鞘缝、基缘及外缘极窄黑边，斑后缘极不整齐；鞘翅2/3处中线和内线有近似三角形的橘红色斑。腹面中部黑色至黑褐色，中胸后侧片及腹部边缘与末端黄褐色至褐色。足褐色，但腿节外侧为黑色。

四斑月瓢虫

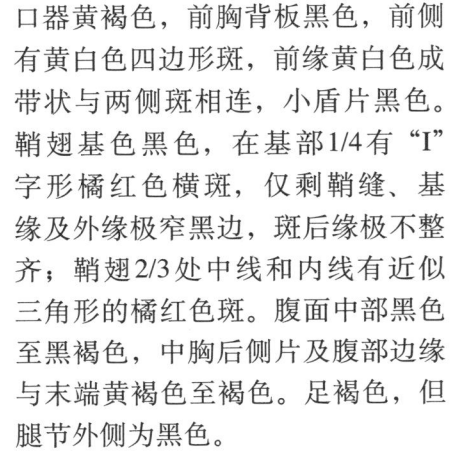

四斑月瓢虫（放大）

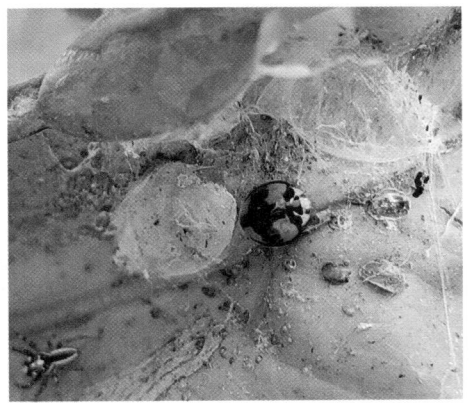

四斑月瓢虫取食介壳虫

生活习性：成虫及幼虫在蜜柚园中捕食蚜虫。成虫于早春3—4月活动，之后交尾产卵繁殖，每次蜜柚抽发新梢有蚜虫发生时捕食蚜虫。

大十三星瓢虫

学名为 *Synonycha grandis*，鞘翅目瓢虫科，能捕食蜜柚蚜虫。

识别特征：成虫体长10 ～ 12毫米。比一般的瓢虫足足大出两倍多，体背橙红色；翅鞘左右各有5枚黑点，接缝处自中央至末端尚有3枚黑点，中央处第一枚黑点最大。与小十三星瓢虫的区别是除了体形较大外，小十三星瓢虫黑斑横列为2-6-4-1，而大十三星瓢虫为2-5-5-1，在外形上极易区别。

大十三星瓢虫　　　　　　　　　　　大十三星瓢虫（放大）

生活习性：成虫于春、夏季出现在蜜柚园捕食春梢和夏梢上的蚜虫，其幼虫体表带有刺，极易自相残杀，在幼虫期平均能吃下4 000只蚜虫。当遇到危险时会呈假死状态，从腿节和胫节分泌黄色的忌避液，让入侵者知难而退，幼虫也会从背腺分泌一种碱性防御液。大十三星瓢虫分布不普遍，生活于平地至低、中海拔地区，喜欢捕捉蚜虫，具有趋光性。

奇变瓢虫

学名为 *Aiolocaria mirabilis* Motschulsky，鞘翅目瓢虫科，为捕食蚜虫的重要天敌，对抑制蚜虫种群数量增长起着一定作用。

识别特征：成虫体长 9.8 ～ 11.6 毫米，宽 8.3 ～ 9.2 毫米，宽卵形。头部、复眼和口器黑色。前胸背板黑色，两侧各有 1 个大黄斑，黄斑外缘有窄黑边。小盾片黑色。腹面除腹部外缘为黄褐色外，其余部分全为黑色。足黑色。卵梭形，橘黄色，长 1.2 ～ 1.5 毫米，宽 0.5 ～ 0.6 毫米。初孵幼虫除腹面暗黄色外，其余均黑色。三龄幼虫前胸背板前缘和侧缘上有暗黄色带纹，四龄幼虫前胸背板前缘和侧缘上的带纹呈黄红色并向后缘弯伸，呈包围前胸背板状。老熟幼虫体长 15.6 ～ 18.3 毫米。蛹为卵圆形，黄褐色。

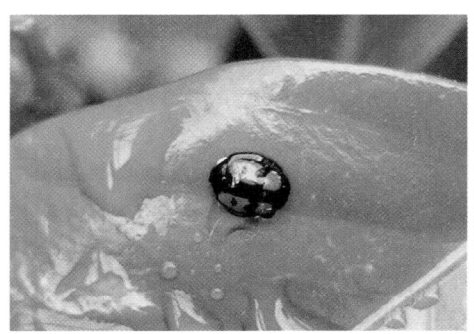

奇变瓢虫成虫

生活习性：通常每年发生 1 代，以成虫在向阳干燥的石缝、岩洞及树干中害虫的蛀道内越冬。越冬成虫于 2 月下旬至 3 月下旬开始活动，5 月下旬前一直可以见到越冬成虫。3 月下旬至 5 月下旬为卵期，卵多产在树周围的枯草和落叶背面，或树叶背面与花上，成行排列或产卵成堆，每个卵块有卵 3 ～ 96 粒；4 月上旬至 6 月上旬为幼虫期，幼虫老熟后排出红色黏液，将虫体固定于叶背或树干凹陷处化蛹。

双带盘瓢虫

学名为 *Lemnia biplagiata* Swartz，鞘翅目瓢虫科，为捕食蚧壳虫的重要天敌。

识别特征：体长 5.5 ～ 6.9 毫米，体宽 4.8 ～ 5.9 毫米。体卵形，光滑无毛。雌雄虫在头部上颜色不同，雌性头额部黑色，雄性浅黄色。鞘翅色斑多变。常见的有 3 种类型：（1）锚纹型：鞘翅红色，鞘缝黑色，外缘除翅端外黑色，在鞘翅端部1/4处具1条黑色的横带，在肩角处具1个黑色的圆斑；（2）双带型：鞘翅黑色，翅中有1个大红斑，翅端黑色或还有1个红斑；（3）无斑型：鞘翅红或红黄色，无任何黑斑。高龄幼虫体长10毫米。

双带盘瓢虫成虫（双带型）

生活习性：1年可发生多代，以成虫越冬。在福建，室内可繁殖5～8代，一个世代的历期在19～43.6天。生长发育最适温度为23～26℃。

蜻蜓

学名为Dragonfly，属于蜻蜓目蜻科，又称豆娘。成虫除了能大量捕食蚊、蝇外，有的还能捕食蝶、蛾、蜂等害虫，为益虫。

识别特征：蜻蜓是世界上眼睛最多的昆虫。成虫有两对等长的窄而透明的翅，脉序网状，翅前缘近翅顶处常有翅痣。咀嚼式口器发达，胸部斜列，前胸小，能活动，足接近头部，腹部细长，复眼突出，触角小而不明显。

蜻蜓成虫

生活习性：成虫出现于3—10月，一般在池塘或河边飞行，幼虫（稚虫）在水中发育。捕食性成虫在飞行中捕食飞虫、蚊及其他对人有害的昆虫，但其食性广，所以不能靠它专门防治某种虫害。幼虫以鳃呼吸。常静息不动，猎物靠近时方射出能缠卷的唇以捕捉之。

螳螂

学名为Mantodea，属于螳螂目螳螂科，又称刀螂、刀螳。可捕食40余种害虫，如蛾蝶类及其幼虫和裸露的蛹及蝉、飞蝗、螽斯等。

识别特征：螳螂体型较大，身体长形多绿色，少数为褐色或具有花斑，前肢似两把"大刀"，上有一排坚硬的锯齿，末端各有一个钩子，用来钩住猎物。头呈三角形，复眼突出，触角细长，颈可自由转动，前足捕捉害虫，中、后足用于步行，渐变态。

生活习性：螳螂动作灵敏，捕食害虫时所用时间非常短，仅有0.01秒，而且只食活虫。生活于植丛中而非地面上，靠拟态躲过天敌，同时在接近或等候猎物时不易被发觉，雌虫将卵产在树枝表面。

螳螂成虫

参考文献

蔡金炉,2021.平和琯溪蜜柚锈壁虱发生特点与防控对策[J].生物灾害科学,44(2)：172-175.

蔡明段,彭成绩,2020.新编柑橘病虫害诊断与防治图鉴[M].广州：广东科技出版社.

陈楚英,彭旋,陈金印,等,2019.白薇生物碱类成分抑制柑橘采后青霉病菌活性[J].果树学报,36(1)：94-102.

陈慧萍,丛林,李凤敏,等,2021.柑橘全爪螨防控研究进展[J].农药科学与管理,42(5)：24-34.

崔建新,曹亮明,李卫海,2018.天敌昆虫图鉴（一）[M].北京：中国农业科学技术出版社.

高日霞,陈景耀,2011.中国果树病虫原色图谱：南方卷[M].北京：中国农业出版社.

何俊华,陈学新,2006.中国林木害虫天敌昆虫[M].北京：中国林业出版社.

黄邦侃,2002.福建昆虫志：第6卷[M].福州：福建科学技术出版社.

蒋飞,田如海,2020.上海地区柑橘病虫害绿色防控手册[M].北京：中国农业出版社.

赖宝春,吴顺章,郑春明,等,2017.琯溪蜜柚黑点病的发生规律[J].现代农业科技(11)：129-130.

赖宝春,吴顺章,郑春明,等,2017.琯溪蜜柚炭疽病病原鉴定[J].果树学报,34(9)：1178-1184.

李鸿筠,刘浩强,姚延山,等,2021.柑橘矢尖蚧发生期预测回归方程研究[J].植物保护,47(2)：83-87.

罗金水,林晓兰,赖跃先,等,2020.琯溪蜜柚黑斑病侵染循环及防治适期研究[J].植物保护,46(1)：219-222.

吕靖雯,2018.柚果面病害病原鉴定和柑橘黑点病的药剂防治[D].杭州：浙江大学.

吕佩珂,高振江,尚春明,等,2018.柑橘橙柚病虫害诊断与防治原色图鉴：第2版[M].北京：化学工业出版社.

孟幼青，侯欣，盖云鹏，等，2019.柑橘疮痂病研究进展[J].果树学报，36(5)：655-662.

邱强，2019.中国果树病虫原色图鉴：第2版[M].郑州：河南科学技术出版社.

邱强，罗禄怡，蔡明段，1994.原色柑橘病虫图谱[M].北京：中国科学技术出版社.

全金成，江一红，陈贵峰，2018.图说柑橘病虫害及农药减施增效防控技术[M].北京：中国农业出版社.

任顺祥，王兴民，庞虹，等，2009.中国瓢虫原色图鉴[M].北京：科学出版社.

石明旺，2016.新编常用农药安全使用指南：第2版[M].北京：化学工业出版社.

宋晓兵，彭埃天，郑正，等，2021.柑橘黄龙病综合防控技术[M].广州：广东科技出版社.

向超，彭德良，彭焕，等，2018.柑橘半穿刺线虫发生与防治研究进展[J].华北农学报，33（增刊1）：259-267.

萧采瑜，1977.中国蝽类昆虫鉴定手册：半翅目异翅亚目第1册[M].北京：科学出版社.

徐汉虹，2008.生产无公害农产品使用农药手册[M].北京：中国农业出版社.

姚廷山，周彦，周常勇，2018.亚洲柑橘木虱的发生与防治研究进展[J].果树学报，35(11)：1413-1421.

袁楷，陈祯，杨婷婷，等，2020.光谱和光强度对柑橘木虱成虫趋光行为的影响[J].云南农业大学学报(自然科学)，35(5)：750-755,884.

张宏宇，李红叶，2018.柑橘病虫害绿色防控彩色图谱[M].北京：中国农业出版社.

张肖肖，2018.d-柠檬烯与杀螨剂复配对柑橘全爪螨的防控作用[D].广州：华南农业大学.

图书在版编目（CIP）数据

蜜柚常见病虫害速诊快治图鉴／赖宝春等编著．—
北京：中国农业出版社，2022.10
ISBN 978-7-109-30069-9

Ⅰ.①蜜…　Ⅱ.①赖…　Ⅲ.①柑桔类－病虫害防治－
图解　Ⅳ.①S436.66-64

中国版本图书馆CIP数据核字（2022）第176561号

中国农业出版社出版

地址：北京市朝阳区麦子店街18号楼
邮编：100125
责任编辑：孙鸣凤　邓琳琳
版式设计：杜　然　责任校对：吴丽婷　责任印制：王　宏
印刷：北京缤索印刷有限公司
版次：2022年10月第1版
印次：2022年10月北京第1次印刷
发行：新华书店北京发行所
开本：880mm×1230mm　1/32
印张：6
字数：180千字
定价：69.00元
